やぶにらみ鳥たちの博物誌

―鳥とりどりの生活と文化―

デイヴィッド・ターナー＝著
別宮貞徳＝監訳

Was Beethoven a Birdwatcher?: A Quirky Look at Birds in History and Culture

Was Beethoven a Birdwatcher?
:A Quirky Look at Birds in History and Culture

by

David Turner

Illustrations by Joe Beale at Pickled Inc.
Published by arrangement with Summersdale Publishers Ltd.,
West Sussex, UK
through
Tuttle-Mori Agency, Inc.,Tokyo

はじめに INTRODUCTION

英語には鳥にちなんだ表現が少なくありません。何世紀も前から英語に刻み込まれて、語彙を豊かにしてくれています。

それなのに、現代の平均的な教養人が百年前にくらべてこの国の鳥についてははるかに少ない知識しか持っていないのは大いに悲しむべきことではないでしょうか。百年前の人びとは大部分が今よりも土に近いところで暮らしていました。当時、すでにイギリスはかなり工業化が進んでいたものの、まだ都市部の膨張によるスプロール現象は今日ほどではなかったのです。今では都会の住人は自然の光景や音の多くからずいぶん切り離されています。鳥は単語や言い回しに足跡を残しているのに、わたしたちはその語源に気づかないことがよくあるし、鳥のさえずりは偉大な詩人に賞賛されてきたのに、それぞれの鳥の声を知らないために、それに触発された文学の鑑賞がとてもむずかしくなっているようです。イギリス人が鳥のことを忘れるのは、イギリスの国語や文化から一歩遠ざかることにほかなりません。

この本は、イギリスをはじめ世界各地の興味深い鳥を見ていきながら、このように最近不足している鳥の知識を補うことをねらいとしています。それだけではなく、もう一つ目的があります。それは鳥類が人間の世界で――歴史にも文化にも――果たしている驚くほど大きな役割を明らかにすることです。

そのため、わたしは七十六種の鳥を選び、それぞれについて二、三ページのエッセイを書きました。多くの場合、題名になっている鳥は、鳥類全般や人類に関する広範な論点を代表しているものなので、ある鳥の話から始まっても別の鳥に話が移っていくことがあります。

鳥は八つのカテゴリーに分けました。ほとんどは自明と思いますが、最後の三つは説明が必要でしょう。さえずる鳥はたくさんいますが、「歌う鳥」とはその中でもとりわけ美しい音色を持ち、傾聴に値する鳥のこと――この栄誉に浴するかどうかの選択は私の独断によります（ただ、ワーズワースさんとかシェリーさんとかから、印税の支払いはなしという条件で、いくらか助言をいただきました）。鳴鳥はすべてスズメ目に属していますが、この仲間は「木に止まる鳥」とも呼ばれ、スズメやアトリなど大部分の小鳥をはじめ、世界中の鳥類の半分強がここに含まれています。とりわけきれいな声を持ってはいないのに、別の理由で興味をそそる鳥が、この本では「木に止まるその他の鳥」として専用の場所を与えられました。「無所属の鳥」はどのカテゴリーにも入らない鳥です。一例が南アメリカのツメバケイで、ほかのどんな鳥とも近いつながりがありません。もう一例は、スコットランドとアイルランドで声を聞くことができるウズラクイナで、クイナの一種のくせに、たいていのクイナとちがって、足を濡らすのがお気に召さないらしい。クイナ界の因習などくそくらえの勇敢な鳥なので、ここに分類したという次第。

戦争を引き起こした鳥、戦争に勝った鳥、同性愛のシンボルになった鳥、モーツァルトがペットにしていた鳥、ベートーヴェンの交響曲にメロディーを提供した鳥。こんな鳥について知りたいと思ったら、ご一読を。何世紀にもわたって、鳥は外交問題を引き起こし、詩人や音楽家から天才のひらめきを引き出してきました。昔から鳥類は人類の営みに嘴を突っ込んで、風変わりな、時としてびっくりするような役割を果たしてきました――古代の天地創造神話や洞窟壁画から、二〇一〇年にイギリスのふたりの大立者が一羽の鳥に主役を奪われてしまったあの春の日の事件まで。こういったさまざまな事柄を、今ここでざっと見渡すのも一興ではないでしょうか。

（小川昭子）

3 猛禽　65

7 木に止まるその他の鳥 217

8 無所属の鳥　305

1.
飛べない鳥
Flightless Birds

ベッカムはだしの子煩悩

エミュー EMU

苦しみ多き雄のエミューにおののきつつもあわれみを捧げよう。超かかあ天下のコキュにして、しかも父性愛の権化たるこの鳥に。

卵が生み落とされると、父鳥は八週間ものあいだ大切に抱きかかえて外敵を寄せつけず、人間ではよほど子育てに熱心な父親でもかなわないほど誠心誠意面倒を見る。飲まず食わずで排泄さえしない。それでも生きていられるのは、体温を四度も下げて水分を失うのを避け、昏睡に近い状態になっているからである。いやはや。子煩悩パパとしては右に出る者がないデイヴィッド・ベッカムもはだしで逃げ出すだろう。さて、そのあいだ母鳥の方はどうしているかというと——ひどい話だが、新しいパートナーを求めてオーストラリアのどこか別の場所をうろついている。エミューは科学用語でいう一雌多雄、つまりお楽しみはすべてご婦人のものという少数派で、アカエリヒレアシシギの雌もそのお仲間。こちらはスコットランド北部のハイランドで火遊びに余念がない。

エミュー

雄は、二か月じっと我慢の生活を終えると、もうへとへとだが、それでも今は一九三〇年代のエミューほどひどい目にはあわないのだから、ありがたいと思うべきかもしれない。ご先祖は排泄を我慢しながら銃弾をよけなければならなかった。エミューは歴史上、一国の軍隊から宣戦布告された数少ない鳥のひとつである。作物を踏み荒らされて腹を立てた農民が、砲兵隊を派遣してウエスタン・オーストラリア州のエミューを駆逐するよう政府に要請したのだ。

しかし、この珍妙な軍事作戦は完全に失敗し、エミューの勝利に終わる。図体ばかりでかくて不器用に見えるかもしれないが、その実、エミューはいざとなると足が速い。時速五十キロで走る。

そのうえ戦略にも長《た》けていた。状況不利と見ればいち速く撤退し、態勢を立てなおす。第二次世界大戦中のドイツ軍はこれを全うできず、ロシア戦線で敗北の憂き目をみたが、エミューはやってのけた。オーストラリア国軍砲兵隊はわずか十二羽を殺しただけで敗北を認め、戦いは幕となる。自然が人間の力で征服できるとは限らない。

とはいえ、雄のエミューに気楽に暮らそうという気などさらさらない。ひなの世話をしている間はこれ以上ないくらいぴりぴりして、敵と見なしたものに容赦なく襲いかかる。一九七〇年代のテレビ番組でロッド・ハルに抱えられて登場し、有名人をつつき回していたパペットのエミューそのままである。

エミューはまた、人間においしいと思われた鳥の例に漏れず、やっかいな問題を抱えている。あまりよろしくない目的を抱いた連中に関心を持たれてしまった。骨ばかりで身が少ないとか、ひどい味だとか、人間が目もくれない鳥も多いのに、エミューの肉は、汁気たっぷりの上等な牛肉そっくりの味と誰もが認める。（肉がまずいことがどれほど有利に働くか、〈フルマカモメ〉（36頁）で改めて述べる。）カンガルー島にいたカンガルーアイランド・エミューがまたたく間に絶滅したのもうなずける。（学問上、これは、唯一現存する本土のエミュー、スポッテド・エミューとは別種と考えられている。）カンガルー島のエミューが絶滅したのは、マシュー・フリンダーズという探検家のせいだとされている。フリンダーズは、「持続可能性《サステイナビリティ》」などという言葉はどこにもなかった一八〇二年、カンガルー島に部下を上陸させた。そこには、空を飛んで逃げることのない新鮮な肉の塊が走りまわっていた。

エミューが人間に強い好奇心を示すことはよく知られているが、その好奇心の強さがカンガルー島のエミューの生き残りに役立つなんてことはまずあるまい。鳥によっては、イギリスのウズラのように、用心深く、ほとんど姿を見せないものもある。いっぽう、エミューやイングランドのヒース生い茂る荒野に住むヨタカのように、大胆に近づいてきて人間が何をしているのか調べにくるものもある。日々の糧を得るのには役立たなくても、自分をとりまく世界のあれこれに関心を持つ生き物は人間だけではない。わたしたちはときに人間は特別だと考えてしまうが、実際は思っている以上に他の動物と共通するところがたくさんあることに気づかされて嬉しくなる。しかし、「好奇心は身を滅ぼす」ということわざどおり、カンガルーアイランド・エミューもそれが命とりになった。幸いスポッテド・エミューはそうはならない。後にオーストラリア軍との戦いで「勇気ある撤退」の教訓を地で行くことになった。

というわけで、パパになりたてほやほやのみなさんにひとことお願い。今度パブへくり出して、赤ん坊の世話は家に残した奥さんまかせのことを後ろめたく思いながら一杯やるようなとき、その一杯を、よき父親としては一頭地を抜く雄のエミューに捧げてやって下さい。

（三宅真砂子）

艱難辛苦を踏み越えて

キーウィ
KIWI

キーウィは数ある鳥の中でいちばん鳥らしくない鳥である。嘴のないその姿を想像し、加えて哺乳類に似たモコモコの羽毛があることや尾羽がないことに着目すれば、キーウィは鳥ではなく、モグラそっくりに見える。

しかも哺乳類に似ているのは単に見かけだけではない――生理機能や生活の仕方にも数々の共通点がある。

どなたもご存じの通りキーウィは飛べない。鋭い嗅覚と優れた聴覚を持つが、視覚はまことにお粗末――哺乳類のようで、まるで鳥らしくない。鳥はふつう人間よりよく見えるのに、昼日中ですらキーウィに見えるのは長い嘴の前方約六十センチメートルのところまで。ところが夜は前方百二十センチでのできごともモニターできる。なんとも奇妙な話だが、陸上の哺乳類の多くと同じくキーウィも夜行性であることを考えれば別に不思議ではない。キーウィの体温は三八度と哺乳類に近い。鳥の体温の平均は四〇度前後である。さらにキーウィはなんと、嘴の先にある鼻孔でにおいを嗅ぐ。鼻孔が嘴の先にあるなんてますます変な気がするが、多くの哺乳類のように、キーウィも食料の大半をにおいで見つけていると知れば、なるほどと合点がいく。キーウィの鼻孔は探している餌のすぐ近くにある。

この科でいちばんよく見られるブラウンキーウィは、時として長い期間子育てにたずさわる。まるで高等哺乳類で、長いときは三年、幼鳥の世話をする。これは鳥の中では例外的に長いが、毎年わずか一羽か二羽のひなしか産まないことからすれば理にかなっている。ひなの数が少ないことで、親はひながしかるべき能力を身につけるまで助けてやる時間と、進化上必要な手だての両方が得られる。ひなは自分で餌を見つけ、かつ自分が餌にならないという大事な技術が求められるわけだが、特にブラウンキーウィの場合、成鳥になるまで一年半もかかり、捕食者よりも体力的に弱い期間が長い。この点でも、ブラウンキーウィはどの鳥よりも、ずっと人に似ている。鳥はだいたいかなり薄情で、せいぜい数か月で幼鳥を巣立たせる（〈イヌワシ〉（75頁）の幼鳥に対する親鳥の冷酷な扱いを参照）。

キーウィの生き方がこんなにまで哺乳類っぽくなったのは偶然ではない。なんといっても、その生息地ニュージーランドには地上を歩く在来種の哺乳類がいない——大陸にいた哺乳類が歩いて移動してくる前に大陸から切り離された多くの島によく見られる現象である。ニュージーランドには数種類のコウモリとクジラなどの海洋哺乳類だけ、それ以外に哺乳類はいない。

しかし、キーウィは哺乳類のいないニュージーランドに適応したため、絶滅寸前まで行

く羽目になった。艱難辛苦の歴史は西暦一三〇〇年より前のある時点で、ポリネシアからマオリ族がやってきたことに始まる。帝国主義びいきの歴史家は「西洋人は技術があったから自然破壊を上手にやったかもしれないが、回復不能なまでに自然を破壊したのは西洋人だけではない」とか何とか言いつくろうが、マオリ族が始めたことはそれを証明するような行為だった。

マオリ族がキーウィを破滅に追いやったのは、ほかの破壊行為の偶然の副産物であることが多い。たとえばキーウィの好きな生息地の熱帯林が焼き払われたのは農地を造るためだった。しかしマオリ族はキーウィを食料として捕まえるのも好きで、しかもそのやり方が巧妙になった。枝に火をつけ、あたかもキーウィの大好物、ツチボタルの幼虫に見せかけて一杯食わせ、犬を使って狩りたてて食ってしまう。マオリ族は利口なハンターだが、キーウィはあまりにもいいカモだった。飛べないし、危険が迫っても速くは走れないし、食えないツチボタルの偽物に、あかんべーをするようなセンスの持ち合わせもなかった。マオリ族はキーウィを神聖なものとして崇拝していたといわれることもあるが、世界中どの文化を見ても、神聖だから保護されるということには必ずしもならない。神聖視されるのはチョコレートのようになるだけのこと――食べて満足してその後ちょっと後ろめたくなるあの気持ちである。マオリ族はキーウィを森の神タネの鳥とみなしていたので、初物の心臓を炙って供え、タネを慰めた。その習慣もキーウイにとってろくに慰めにはならなかっただろう。

マオリ族の生活習慣は、コマダラキーウィをニュージーランド北島から一掃し、そのあと十九世紀に西欧人がやってきた。ヨーロッパ人入植者の到着は破壊のスピードを促進した。彼らはキーウィを狩り立て、産業主義の効率のよさでその生息地を破壊した。二十世紀初頭に決定され、始まったキーウィ保護は、世界で約三種の保存につながったが（科学者の間で正確な数について意見の一致をみたことがない）、まずそれはキーウィ自身が逆境に直面したときに発揮する驚くべき適応能力の賜物である。熱帯林が消失し、新しい生息地を見つけなければならなくなると、温帯林や藪、さらに木材用松の人工林にまで移り住んでみせた。こういう場所に住むなんて、数百年前なら死んでもいやだっただろう。そういうところは、キーウィの好む厚い茂みを提供できない。とはいえ熱帯林が焼き払われるとなると、そのままそこに留まっていれば、いやでも死ぬほかなかった。
　キーウィはまたほかの鳥の多くと同じく、感心するほど粘り強く繁殖する。卵を奪われても、あきらめることなく、その年にあと四回までは産卵をくり返す。イタチに卵が盗まれることが多いこの国では役に立つ。なにいイタチ？　哺乳類がいない国でイタチがキーウィを悩ませるなんて、どういうこと？　実は本来いるはずのないイタチは、ウサギの数を減らそうと人間が持ち込んだもの。ウサギだってそこにいるはずがない。それも人間が連れてきた。卵をちょろまかされるたびにキーウィの怒りが、じわじわ膨れ上がるのが目に見える。しかし、キーウィは怒りをかみ殺し、せっせと卵を産み続ける。キーウィをかみ殺す不倶戴天の天敵イヌは英語では粘り強さの象徴。そのイヌも顔負けの粘り強さを発揮するのがキーウィである。

（松本良子）

マメクロクイナ
Inaccessible Island Rail

絶海の孤島に住むありがたさ

マメクロクイナは英語でInaccessible Island Rail（人が近づけない島のクイナ）という。この鳥を見たことがある人はほとんどいないと言われても、誰も驚くまい。

主な理由は二つ、どちらも鳥の名前に表われている。ひとつは、ほとんどのクイナは、茂みの中をコソコソ歩きまわる、恥ずかしがり屋の小さな鳥だということ。イギリスにいるクイナもだいたいそうである。もうひとつは、この鳥はイナクセシブル島（人が近づけない島）でしか目にすることができないということ。ご存じのとおり、地名にはちょっと首をかしげたくなるようなものがある――氷でまっ白なのにグリーンランドとか、嵐が頻発するのに喜望峰とか。けれども、この島の名づけ親の船乗りは、もはや歴史上忘れられてはいるが、大した「地理学者」だった。誰もが名前ぐらいは聞いたことがあるいちばん近い島といえば、トリスタン・ダ・クーニャ島だが、それ自体あらゆるものから遠く離れたところにある。そこから、さらに遠く離れているのが、このイナクセシブル島である。

この島になんとかたどり着いたとしても、この島を見つけようと思えば、浜辺を越えて断崖絶壁をよじ登らなければならない。しかも、くすんだ茶色のこの鳥は、人間に見つからないようあの手この手を使う。といっても、その人間がふだんここにはいない——一八七〇年代に、アザラシを獲ってその肉と毛皮の交易で生計を立てようとドイツからストルテンホフ兄弟がやってきたが、少なくともそれ以来、誰もきていないのである。ところがこの兄弟は、その計画には商売の相手がいないという決定的な欠点があることを考えてみようともしなかった。これは鳥の名前から事業がうまくいくかどうかがはっきり分かるという、珍しいが教訓的な例である。その後、百年以上にわたり、この島に永住しようとした人はいない。

しかし、マメクロクイナは学術上魅力的な鳥なので、そんなに人が近づけない場所に生息しているのは残念この上ない。現存する世界最小の飛べない鳥で、頭から太くて短い尻尾までわずか十七センチメートル。ヒバリよりも小さい。このクイナは島嶼矮小化の非常に興味深い例である。もっとも、ハワイのライサン島の、その名を冠したライサンクイナ——幸い写真は残っているが、その後絶滅——はさらに小さく、スズメより少し大きいだけだった。

島嶼矮小化とは、小さい島に生息する鳥が広い土地に住む同種の鳥よりも小さくなる現象をいう。その理由のひとつとして、資源が限られているので小さな個体しか生き残れないことが挙げられる。自然淘汰のプロセスを経て、やがてはその島に住む同種の鳥がすべて小さくなる。結局のところ、そういう島は、本土で放たれても、そこで同類の鳥と交尾できない（もっと厳密に言えば、交尾によって繁殖力のある子孫を継続して産み出すことのできない）別の種に変わってしまう。島嶼矮小化とは正反対の島嶼巨大化もある。やはり隔離によって引き起こされるが、この場合は大きくなる。ふつうは大きな哺乳動物がいなかったため、空いているニッチに適応しようとして起こる。

島嶼矮小化は、以前から他の生物では知られていたが、単なる科学的好奇心に根ざした話題だった。それが突然脚光を浴びたのは、二〇〇三年、インドネシアのフローレス島で科学者が（ホモ・サピエンスにつながりはあるが、はっきりとちがう）小人の骨を発見したと発表し、わたしたち人間への直接の関連が取り沙汰されたときで、新聞は想像力たくましく、トールキンの『指輪物語』に出てくる小さな人間の形をした生物になぞらえて、これを「ホビット」と書き立てた。

フローレス人が本当に別種なのか、単なる亜種（ホモ・サピエンスとは異なるが、交配は可能）なのか、例外的に背の低いれっきとしたホモ・サピエンスの集団にすぎないのか、科学者たちの意見はまだ一致していない。骨が発見された場所から歩いていける距離に例外的に背の低い人の村落が存在するという指摘があり、さらに混乱が深まった。フローレス・ホビットをめぐる議論の結果がどうであれ、マメクロクイナのケースは、生物の集団が同種の生物から切り離されると、だんだん小さくなり、最終的に全く別のものに変化するという事実をはっきり示している。

皮肉な話だが、マメクロクイナを簡単に見ることができていたら、今はもう見ることができないかもしれない。人が近づける場所にいた飛べないクイナの多くは、移入されたイヌ、ネコ、ネズミなどにやすやすと襲われたり、地上の巣にある卵を食べられたりして絶滅の憂き目に会った。「人が近づける島のクイナ」Accessible Island Rail（「ご利用になれる島の鉄道」という意味にもとれるので、まるで後期高齢者用交通機関のように聞こえる）なんていう種が存在したことがあったとしても、今は英語の言いまわしにある通り「ドードーのように死に絶えている」ことだろう。ちなみにドードーは飛べない島の島嶼巨大化の実例である。

（曽根悦子）

絶滅してなお生き続けるスーパースター

ドードー DODO

絶滅した鳥の殿堂でドードーは、スターたるべき条件などすべてくつがえし、独裁者然と君臨しつづけている。不細工で品がなく、そのかっこうのおかしさときたら、ほんとうの生物種というよりも、むしろ漫画のために考え出された鳥のよう。ヨーロッパ人がドードーをそのすみかのモーリシャス島で発見するという幸運に浴し、ドードーとしては人間を見つけるというどうしようもない不幸にみまわれてから、わずか百年足らずの一六六二年ごろこの鳥は絶滅したのだが、今なおわたしたちの文化の中に生きつづけている。一方はるかに美しい鳥が消滅後、人びとの記憶から忘れ去られてしまった。ソロモン諸島に生息したそれこそ美しいショアズールカンザシバトを今も覚えている人がいるだろうか。頭を飾り立てる青いゴージャスなその羽根は、ご婦人がたの帽子の見栄えをどれほどよくしたことか。それが原因で二十世紀のいつごろか絶滅するに至った。堂々たるショアズールカンザシバトは死に絶えた。しかし不細工なドードーは生きている。

ますますもって驚くべきことに、死後スターになるというその始まりは、ドードーにとって最悪のものだった。外来のネズミとマカクザルによるドードーの絶滅から百年後、スウェーデンの博物学者リンネは、ドードーに*Didus ineptus*《ディドゥス・イネプトゥス》（まぬけなドードー）というラテン名を付け、踏んだり蹴ったりの目にあわせた。彼は単に前例に従っただけなのだろう。「ドードー」という言葉そのものは、ポルトガル語の「うすのろ」に由来する可能性が高い。しかし分類学者がドードーをハトの一種と考えていることから、「ドードー」という名前はその鳴き声に起源があるのかもしれないという興味深い説もある。この科の鳥の多くが二音で鳴くので、その鳴き声を「ドードー」とあらわしたのは悪くない。たとえばシラコバトの鳴き

声を思い出してみよう。イギリスの庭でよく聞かれる。「ドニートードニ」だ。

絶滅したドードーにとって、事態はますます悪くなった。ドードーは元ドードーとしてさえ生き残れなかった。オックスフォードのアシュモリアン博物館に所蔵されていた最後の個体の剥製は、いたみがひどくなりほとんど何も残っていない。十九世紀にはかなりの数の人が、ドードーは、まったく生存したことはないと書き、架空の鳥――愉快な想像上の産物だと考えた。

しかしゆっくりではあるが、この飛べない鳥の評判は、ヒバリのように高く舞い上がりはじめた。一八六五年、児童文学の名著『不思議の国のアリス』のなかでルイス・キャロルは、ドードーを親しみの持てるキャラクターに仕立てた。ドードーが著者自身を戯画化したものであることはまちがいない（ドードーの「ド」は自身の姓「ドジソン」の「ド」）。博物学者は、ドードーが間抜けな鳥であるはずがないと指摘している。理由はドードーが何百万年にもわたってモーリシャスに生存しており、その間、他の多くの種が世界中で住環境に適応できずに絶滅しているという点にある。ドードーは捕食動物を島に放した人間の無思慮の犠牲になったというその主張は的を射ている。

さらに学者は、リンネがドードーを低く見たのは、異常にでっぷりと描かれたこの鳥の絵がもとになっているのだろうという。これではまるっきり走ることも、逃げることもできそうもない。歴史家は、以前からこれは野生のドードーの正確な絵ではないと考え、食材として捕えられ太らされた鳥の絵だと主張してきた。ただある記事によれば、ドードーはまずくてとても食べられたものではないらしい。それにむしゃぶりついた船乗りは、よほど腹がペコペコで背に腹は替えられなかったのだろう。

今やドードーは、絶滅した他の鳥には見られない奇妙な好感をもたれている。親類筋のハトは聖霊のシンボルとして、過去何百年にもわたって宗教画の画面上方で羽ばたいているが、その象徴的な力は大方地に落ちかかっている。西欧でキリスト教が凋落したため能力が干上がってきたのである。しかしドードーはどんどん力を増している。

最近作り直された複製では、前より脂肪が取れてすっきりし、全体としてましな姿になった。それはここ数十年で掘り起こされた研究にもとづいたもので、新たに見つかった骨とドードーの生前に描かれた絵も参考にしている。それでも正直なところ、これを見るとドードーが滑稽な生き物だとつい思ってしまう。笑いを誘うのはごつごつした嘴である。骨ばった頭から突き出して、だんだん細くなり先端はぼてっと鉤状にふくれている。まぎれもなく醜い鳥だが、鳥はこうあらねばならないというイメージからあまりにもかけ離れているからこそ魅力的に見える。

ドードーの死は犬死だったのだろうか？　どうしてどうして、ドードーの絶滅に人びとの関心を向けさせるように魔法の杖が振れればそうはならない。ドードーの場合、その理由がいかなる意味でも美しさの故ではないのは明々白々。むしろその特異性にある。出かけていって見るにも、あるいは少なくとも野生動物の番組で見るにも楽しい鳥である。ドードーがＢＢＣの番組「インターナショナル・スプリングウォッチ」でスターになっているところが目に浮かぶ。

もしドードーが今も生存していれば、絶海の孤島で見つかった稀少な新種の鳥に対する人間の行動が変わったことに動転瞠目することだろう。ひるがえって十六世紀には、そういう鳥は船乗りにとってまったくのカモでしかなかった。しかし今日の科学者は、捕えて基準標本にする昔ながらの習慣にも二の足を踏む。つまり、新しい鳥を見つけても、標本を作るために殺して羽毛の一本一本から解剖学的知見まで完璧に描くようなことはしない。その代わり多くの場合、鳥のすぐそばまで近づいて習性を観察するほうを選ぶ。そのあと鳥を短時間捕獲し、ＤＮＡのサンプルを採取し、写真を撮るにとどめる。稀少な鳥を何の考えもなしに殺し、料理用に詰め物をしたり、博物館の収蔵品にするために剥製として詰め物をしたりすることは、今や絶滅に瀕している。しかしその仕打ちは、まだことわざどうりに「ドードーのように死に絶えて」はいない。

（松本良子）

2.
海鳥
Seabirds

事実は学説より奇なり

キョクアジサシ

ARCTIC TERN

「鳥は渡るのか」という難問は、何世紀にもわたって学識者を悩ませてきた。そしてようやく、十九世紀初頭、意見の一致をみるにいたった――結局、小さな鳥でも、何百、何千キロも飛ぶという驚くべき離れわざを演じて、食物が豊富にある暖かい地方へ渡るという。

これまで、「渡り」という問題は学界では大きな落とし穴で、偉大な思想家までもうっかりはまってしまうことがよくあった。アリストテレスほどの優れた人物もだまされていて「渡る鳥もいるが、ツバメのように冬眠に入る鳥もいる」などと述べている。世界で最初のバードウォッチャーとして歴史に名を残す十八世紀イギリスの牧師ギルバート・ホワイトも同じ意見だった（ホワイトの苦難については、〈チフチャフ〉（273頁）を参照のこと）。つまり、冬のあいだ南へ渡る鳥もいるが、全部ではないもののツバメの多くは「昆虫やコウモリのように引きこもり昏睡状態に入る」というのだ。ツバメが冬の間どこにいるのかについては、池の底でちぢこまっているとか、月まで飛んでいくという意見さえあった。

優れた十八世紀の科学者の中には、イギリスの博識家デインズ・バリントンのように、渡りを行なう鳥はいないという者もいた。

こういった優れた人たちが、自然界のさまざまな他の現象に関しては正しい意見を述べていながら、どうしてとてつもなく愚かなまちがいをしでかしたのだろう――後から、そう疑問を持つのはたやすい。たとえば、「大きな鳥は小さな鳥より長く生きる」としたアリストテレスは、正しかった。これは、二十世紀になって鳥にリングを付け研究して初めて、その通りと証明された事実である。この事実を言い当てていながら、どうして渡りについてはまちがえたのだろう。

歴史において、あと知恵はすばらしいものであると同時に、また不公平な審判員でもある。バードウォッチングの歴史もその例外ではない。鳥がすることには、はっきりした証拠もないのにそれを信じるのはよほどのバカというほど途方もないものがいろいろある。コウノトリが渡っていくのは、現代の光学機器を使わずに肉眼で確認することができたが、小さな鳥が渡るという確かな証拠が出てくるのには、はるかに長い時間がかかった。

最適な例はキョクアジサシである。二股に分かれた尾、薄い翼、魚を突き殺す鋭い嘴を持つ白い海鳥で、渡り鳥の中でもっとも長い距離を飛ぶ。イギリスの夏の間にグリーンランドで繁殖し、南極大陸の付近でイギリスの冬（南半球では夏）を過ごす。二十年生きると考えれば、八十万キロ以上飛ぶことになる。これは、優に月まで行って帰ってこられる距離である。こうしてみると、かつてツバメが本当に月へ渡ると信じていたのは、あながち途方もなく馬鹿げた話とは言えないのではないだろうか。

キョクアジサシの渡りに関する知識があれば、それが十分理にかなっているというのは、たやすく見て取れる。なにしろ一年に夏を二度過ごせるという利点があるわけだ――そしてそれができるなら、誰もやるなとは言えない。この渡りのため、キョクアジサシは地球上のどの生物より昼間生活する時間が長い。それは聞くだに結構な話であるだけでなく、魚が捕れる日中の時間が最大になるので、実際の助けにもなる。

信じがたい渡りをする鳥の例をもう一つあげるなら、ズグロアメリカムシクイがそれである。ほんの十三センチほどのかわいい縞柄の鳥で、雄は繁殖期になると真っ白な顔に黒い冠をいただいている。この鳥は、夏の終わりにマサチューセッツの沿岸を大西洋に向かって飛び立ち、苦労しながら南アメリカにたどり着く。陸を伝って中央アメリカを通っていくという一見もっと簡単そうな方法は取らない。

これは、まさに自殺行為としか思えない。こんな小さな鳥が、食物も休みも取らずこの広大な海の上を渡ることが、どうしてできるのか。ところが、それが文句なく理屈に合っているのである。ズグロアメリカムシクイはすみかにしている沿岸を離れることで、強力な貿易風を利用できる。そして、どちらかというと吹き飛ばされるような感じで、わずか四日で南アメリカに到着する。つまり、空港のベルトコンベアに乗っている、いや、実際に飛行機に乗っているようなものと言ってもいい。ほかの鳥にはなんて馬鹿なことをしてるんだと思われながらも、大海を渡るという冒険をやりおおせる――何百万年にもわたる自然淘汰が、ズグロアメリカムシクイにその能力を授けたというのは、なんとも不思議な話ではないか。

ここで、難問に行き当たる。キョクアジサシ（Arctic Tern）は北極（Arctic）付近で繁殖し南極（Antarctic）付近で同じくらいの時間を過ごすのだから、どうしてナンキョクアジサシ（Antarctic Tern）と言わないのか。いちばんはっきりした答えは、近い親戚でひなを南に渡って育てるこの名の鳥がすでにいるということだろう。鳥名を徹底的に調べると、やっかいな問題が次々と出てきて、まるでハチの巣をつつくようなことになる――こんな話をハチが好きなハチクイが聞いたら、さぞ大喜びするだろう。たとえば、Dartford Warbler（ダートムシクイ）はDartfortにはいない。もっとややこしいのは、アメリカにいるRed Phalarope（ハイイロヒレアシシギ）――イギリスでは、明るい夏羽の姿をめったに目にすることがないのでGrey Phalaropeと呼ばれている。インドネシアのInvisible Rail（ハルマヘラクイナ）に至っては、いやはや、invisible（目に見えない）なんてとんでもない（うっそうと茂った叢の中をずっとこそこそと歩きまわっているので、そう思われるだけのこと）。

周極アジサシ（Circumpolar Tern 印象的で堂々とした名を新たに付けるとしたら、これがぴったり）の真実の旅は、波乱万丈な小説の読者の想像力を大いに掻き立てることだろう。「事実はフィクション（小説）より奇なり」という言葉がある。フィクション（作り話）を信じたからといって誰も学者を責めることはできまい。ここで普遍妥当な戒めを一つ――過去を映し出す鏡に映った歴史的人物は、最初にそう見えたほど馬鹿ではない。

（徳植康子）

グアナイムナジロヒメウ

GUANAY CORMORANT

糞も積もれば黄金となる

グアナイムナジロヒメウは、鳥の糞を意味するスペイン語 guano（グアノ）にちなんで名付けられたが、「百万ドルの鳥」という華々しい別名を持つのは、この鳥の排泄物が計り知れない価値を持つからである。

鳥の糞がフンだんにあれば、よい金になり、金があればきまってフン争が起こる。南アメリカ西海岸から少し沖の岩島に生息するグアナイムナジロヒメウとその仲間の海鳥は、十九世紀に一度ならず二度も、戦争の勃発にかかわった。もちろん、この鳥が悪いわけではない。この一件は先行きいろいろ愉快な展開があり、鳥の糞という宝の山を掘り出すなどとりわけそうだったが、世の常のごとく、人間のみが下劣で不愉快だった。

鳥の糞は卓効のある肥料だが、グアナイムナジロヒメウは体の大きさに比べて特に大量の排泄物を生産するわけではない。その糞を取り尽くすのは短い期間だったが、並々ならぬ価値があるものだった。それは、二つの幸運な偶然のおかげである。一つは、この鳥が、ほかの仲間と何十万羽もいっしょにコロニーを作り、ひしめき合って暮らしていたこと。もう一つは、生息地の乾燥した気候が糞の保存に貢献したことだった。また、たいていの鳥の糞はねっとりしているという利点もある。鳥は、体から水分がなくなると飲むことで補充しなければならないので、できることなら水分を失いたくない。こうした要因が重なって、鳥の死骸など他の有機堆積物と混ざって栄養価の高まったグアノは、数千年にわたって厚さ九十メートルもの層を築き上げた。九十メートルといえば、確かに、光り輝く…うーん…黄金の山とみてよかろう。

グアノはペルーとボリビアの経済や社会を変え、後にチリがボリビアのグアノ資源を手に入れると、チリの経済や社会も変えた。この天然資源は重大な影響を及ぼしたので、ペルーがいつになく安定した政権のもと、グアノのおかげで力強い経済成長を遂げた一八四五年から六六年の間は、今でも愛情をこめてグアノ時代と呼ばれている。多くのイギリス人が（決してすべてではないが）、イギリスの力が頂点に達したヴィクトリア朝時代を懐かしむのと同じである。莫大な個人資産が築かれたが、世の常のごとく、実際に崖に立ってグアノを集めた人が富を貯めこんだわけではない。主なグアノ収集地のひとつペルーのチンチャ諸島では、当初、囚人や奴隷が使われた。まもなく、グアノを集める仕事は中国からの移民がするようになり、その子孫は今もペルーに住んでいる。遠くからきた人びとが考えられない場所で考えられない仕事をするのは、人の移動に付随する奇妙なできごとである。彼らは時には髪の毛をかきむしりながら「いったいどんなめぐり合わせで、おれはこんなことをする羽目になったんだ?」と独り言をいったにちがいない。もっとも、サバイバルゲームで、落ち目の芸能人がグアノ集めをやらされるのも、まずは時間の問題だろう。

一八六四年から六六年にかけてのチンチャ諸島戦争を引き起こした主な原因はグアノだった。スペインが、ペルー政府の収入の半分以上を糞で稼ぐチンチャ諸島の支配権をフンだくろうとしてフン争が始まった。もちろん、スペインはペルー政府に対して、鳥の糞をめぐって宣戦を布告すると決めたわけではない。それはきまりが悪かったのだろう。その代わりに、あまりにも平凡な開戦の口実を使った。ペルーにおけるスペイン人への虐待、つまりペルーがスペイン人を鳥の糞のように扱ったと言ったのである。ペルーは、チリの援護を受け何クソとばかりスペイン人を打ち負かしたが、スペインはその前に、チンチャ諸島の豊かな資源とジブラルタルとの交換についてイギリスに相談することを本気で考えていた。グアノはイギリスにとって金にはなるが汚い宝石になったことだろう。白いかつらを被ったイギリスの国会議員のお歴々は、ウェストミンスターで、何とも皮肉なことに、避けようもなくハトの糞をひっ被っている帝国の英雄たちの像の脇を歩きながら、この常ならぬ申し出をあれやこれやいろいろ考えることになったかもしれない。

第二の紛争は、グアノ戦争という別名でも知られる、一八七九年から八四年までの太平洋戦争で、ボリビアとペルーがチリの強欲な企みに対して自分たちの堆積物を守るために戦ったものである。勝利を得たチリは、ボリビアの海岸線を掌握して、グアノを手に入れた。そして同時に、交易の容易さなど海岸線を支配する利点も獲得することになった。その堆積物は現在ではすべてなくなっているが、ボリビアに海岸線がないことは、今日でも国民の感情に訴える政治問題である。糞は消えたが、フン懣は残っている。

鳥の糞は実際には急激に収奪されてしまったけれども、歴史家たちの主張するところでは、もっと持続できる形で集めていれば、当事国すべてにとって経済的によい結果をもたらしただろう。現在実践されているように、鳥に深刻な影響を与えず、グアノを生産する新しい世代の子孫を作るために、繁殖期を外して一年か二年に一度、一気にグアノを集めていたらということである。一方で、新しい合成肥料が登場するにつれグアノの経済価値が下がっている現状で、エコノミストたちにしてみれば、こう主張してもおかしくない。鳥の幸福は度外視して金儲けの観点だけから見れば、鳥の糞の好景気は過去のものであり、急激な短期の収奪こそ筋が通っていたのだと。

グアナイムナジロヒメウは、みずから落した糞が自分たちをどれほど深刻な、ええと、不運におとしいれるかを知る由もなかったが、グアノ最盛期に年中時を選ばずそれを収集されたことによる繁殖妨害のせいで生息数が急激に低下した。自分の住むところに、見知らぬ人が大勢やってきて、あたり一面に這いつくばって糞を掘り返されたら、おちおち何してはいられないだろう。自然観察者は、この鳥は現在三百万羽しか残っていないと推定しているが、これは十九世紀の生息数のおよそ十分の一である。

グアナイムナジロヒメウにとって今問題なのは、消化システムのもう一方の開口部に入れる糞の材料、つまり餌の不足である。学者によると、この鳥が食べる魚をトロール漁船が乱獲するという新たな脅威のせいで、生息数が回復するのは容易ではない。プラス面を見ると、現在のグアノ収集により、この鳥が病気にかかったり寄生虫に悩まされたりする可能性が小さくなるので、鳥のためによいと主張する専門家もいる。人間にあてはまることは、鳥にもあてはまる。

（曽根悦子）

シロアホウドリ

ROYAL ALBATROSS

環を以て貴しと為す

鳥の寿命はどれくらい？

これはかつては答など望むべくもない疑問だった。それを可能にしたのが、近ごろ鳥に付けられるようになった足環で、一八九九年、歴史上もっとも有名なデンマークの教師、ハンス・クリスティアン・コルネリウス・モルテンセンが使いはじめた。最初に用いられたのはホシムクドリだったが、その後何千もの種に個体として素性が確認できる足環が付けられ、その生活史の調査が可能になった。大型の鳥の足環には通常通し番号が刻まれ、小型の鳥にはさまざまに色を組み合わせたものがよく使われていて、一羽一羽識別できる仕組みになっている。そのほかにもっと変わった方法も試され、アメリカでは聖書の引用を刻んだ人もいる。「地の獣よりもむしろ私たちに教え、空の鳥より私たちに知恵を授けてくださるものはあるだろうか？」――その鳥に足環を付けて正しい情報を得られるならなおさらである。

足環をつけるために、そもそも人間はどうやって鳥を生け捕りにするのか? 手短に言うと、簡単ではない。もう少し長めに答えれば、いつも巧妙な仕掛けのネットをえらんで使うこと。たとえばヘルゴランドトラップなどもその一つで、これは漏斗状になっていて、入るのは簡単だが、逃げ出すのは意外に難しい。その名の由来となったドイツの島で、ドイツ人の動物学者、フーゴ・ヴァイゴルトが初めて使った。ちなみにヴァイゴルトは野生のジャイアントパンダをヨーロッパ人として初めて見た人物でもある。それから百年もたっていない。

足環を付けてみると意外なことがいくつか明らかになった。ひとつは、多くの鳥が想像以上に長距離を移動すること。長距離移動は渡りのためだけだと考えられてきたが、アホウドリは最適の餌場をもとめてある方向に平気で千六百キロ行き、また千六百キキロ戻ってくることがわかった。

しかしもっとも意外だったのは、ほとんどの種は寿命が短いのに、ほかの一握りの種は寿命が長いことだった。

鳥類学者のデイヴィッド・ラックは、一九四三年コマドリに関する新事実を明らかにしてイギリス国民に衝撃を与えた。コマドリはイギリスでもっとも愛されている鳥のひとつ。忠実な友のように毎年毎年庭に現われては、庭仕事をする人たちのそばで鋤にとまったり、「生の喜び」そのままに飛びまわっては、人びとを元気づけるので大事にされている。

ところがラックは、『コマドリの生活』という本の中で、毎年姿を見せているのは同じ

シロアホウドリ

鳥ではないと指摘した。前の年にきた鳥はおそらく死んでおり、次々にちがうのがきているのだという。人びとはびっくり仰天、最初は信じようとしなかった。コマドリが長生きだという幻想が守られていたら、みんな幸せだったかもしれない。両親がすり替えているのに、自分のカナリヤが永遠に生きると思っている子どものように。しかし事実はちがう。ほとんどの鳴鳥はせいぜい一、二年しか生きない。足環を付けた一万羽以上のキクイタダキ（小型の鳴鳥）を調査すると、もっとも長生きのものでも、わずか四年十か月と九日だった。足環をはじめほかのいろいろな調査で、ある種の海鳥のようにずいぶん長生きの鳥でさえ、大半が成鳥になる前に生後数年で死んでしまう

ことがわかった。

進化論的見地からするとこれは道理にかなっているが、進化とは残酷な仕組みである。もっとも強い鳥だけが長生きして繁殖し、最強の遺伝子を子孫に伝えていく。小型の鳴鳥は、寿命はきわめて短いが、毎年生まれるひなの数がひじょうに多いから、それで勘定は合っている。

しかし足環によって逆に外洋性の鳥の中には想像以上に長生きをするものがいることが明らかになった。飼育されている鳥はリスクのない生活をおくるため長生きなので無視するとして、これまでに記録された野鳥の中でもっとも長生きだったのはシロアホウドリで、五十八歳だった。（ちなみにその年でまだ産卵していた。）それどころではない。アホウドリの長命に着目したある学者は、成鳥の死亡率（毎年死ぬ比率）が低いことから、八十歳以上のものも少数ながらいるはずだと推測している。

海鳥は特に長生きが多い。マンクスコミズナギドリは、海を好み、長くまっすぐに伸びた翼を持ち、たまに羽ばたき波をかすめるように滑空する。その一羽が一九五七年ウェールズのバージー島で成鳥のマンクスコミズナギドリと確認され、足環が付けられた。二〇〇三年にそれが再捕獲されたのだが、この鳥は五、六歳で成鳥になるので、その時点で五十歳を超えていることになる。同じく足環からわかったことだが、シロカツオドリ（白とクリーム色の海鳥で、飛ぶ葉巻の形）も、驚くほど長生きするらしい。

しかし海鳥に長生きが多いということに、わたしははなはだ非科学的ながらいささか驚きを禁じ得ない。何もない海の上を何十年も飛びまわるのはいかにも退屈そうでアホウらしくならないだろうか。その単調な暮らしが中断されるのは、どことも知れず点在する岩場で繁殖するときだけ。大海原を永遠にさまよう定めの幽霊船、「さまよえるオランダ船」の伝説や、サミュエル・テイラー・コールリッジの幻想的な詩、「老水夫の歌」に出てくる老水夫のことが頭に浮かぶ。その水夫は、アホウドリを殺して船に災いをもたらした罪滅ぼしに、世界を放浪することになる。アホウドリは、体とその長くまっすぐ伸びた翼が十字架を連想させるため、その詩の中でキリストの象徴として使われている。当時足環は使われていなかったので、コールリッジは夢にもそうとは思わなかっただろうが、アホウドリのほうが老水夫より年をとっていたかもしれない。

（深瀬和子）

フルマカモメ
FULMAR

命がけのバードウォッチング

バードウォッチングが危険だなんて、そんなことありうるのだろうか。鳥は、縄張りを守っているときに、すさまじく獰猛になることがある。怒ったフルマカモメに出くわした経験のある人なら、先刻ご承知だろう。体がグレーと白のこの海鳥は、誰もがカモメの一種と思っているが、実はウミツバメの仲間で、遠くから見るとけっこうかっこいい。細長い翼をぴんと一直線に広げて飛び、翼にペンキが飛び散ったような白い斑点があるから、簡単に見わけられる。ところが侵入者を見つけると、鼻がひん曲がりそうな臭い油を吐いて、それっとばかりに攻撃する。この油は、上着にひっかけられようものなら、どんなに高級なドライクリーニングで洗っても、絶対に落ちない。海鳥研究者の話では、上着はまずまちがいなく×じるしで、捨てるに如くはないらしい。油はフルマカモメを守る役目も果たしていて、肉は誰が食べても吐き気をもよおすほどまずい。ただし、かつてスコットランドのセントキルダ群島に住んでいた人びとは別である。島は今では住む人もなく、せいぜい軍隊が駐屯するか、夏のあいだにごくわずかな科学者が訪れるくらいだが、昔、島民がフルマカモメをおいしいと思ったのは、これを食べて育ったから――つまり、悪臭ふんぷんたる肉がお袋の味になっていたのだろう。それでも、セントキルダの島民が食習慣のせいで奇妙なにおいをまき散らしていたという記録は残っていない。絶海の群島で暮らし、誰もが同じ臭い鳥を食べていたから、おそらく体臭もお互い様で、つき合いに支障をきたすことなどなかったと察せられる。

人間を襲う鳥はフルマカモメだけではない。アジサシは、ときにはコロニーで徒党を組み、侵入してきた人間を総出で攻撃することだってある。

バードウォッチングは、不快から危険への一線を越えているのだろうか。エリック・ホスキングは、イギリスの鳥専門の写真家の草分けで、一九九一年に亡くなったが、あるとき、子育て中のモリフクロウの写真を撮ろうとして被写体に近づきすぎ、怒った鳥に襲われて片目を失い、危うく命まで失いそうになった。のちに自伝を書き、タイトルを『鳥に目を奪われて』とした――この言いまわしが文字通りの意味でも使われたのは、記録されたものとしてはこれが最初である。

イギリスの外では、もっと危険なのだろうか。ニューギニアに生息する黒とオレンジ色の鳴鳥ピトフーイ（ズグロモリモズ）は、ある種の甲虫を食べるため羽毛に毒があることが最近わかった。

しかし、めっぽう危険な鳥といえば、オーストラリアとニューギニアのヒクイドリの右に出るものはない。この鳥は、足に指が三本あり、指の先には、人間の体を引き裂いてしまうほど鋭い不気味な爪が生えている。その証拠に、十六歳の少年を殺したという記録もちゃんとある。ヒクイドリのメンツにかけて言っておくが、真相は、少年が弟といっしょにその鳥を殺そうとしていた――つまり悪ガキどもの自業自得ということ。

とはいえ、バードウォッチャーに最大の危険をもたらす原因は鳥ではない。本人自身である。つまり自業自得ということ。観察にのめりこんでしまって、割の合わない危険を冒す人がいる。デイヴィッド・ハントというイギリス人の野鳥観察の専門家は、インドを訪れる博物学者の例にたがわず、野生のトラを見ようと心に決めた。そんな願いはめったにかなわないものだが、ハントは運良く、というか運悪く、トラに出くわす。何とも奇妙な話だが、トラがどんどん近づいてくるのに、逃げようともしないで写真を撮りつづけ――あえなく最期を遂げた。写真は現像され、最後の一枚には、今にもハントを殺そうとしてうなるトラの顔が、画面いっぱいに写っていた。

バードウォッチングでやたらと大きな危険を冒すのはたいてい男性である――一つにはバードウォッチャーが圧倒的に男性だからということもあるだろう。ペルーでは、ふたりの若い男性が、鳥を見に行こうとしてゲリラ組織センデロ・ルミノソに殺された。ゲリラのいる危険地帯に入ってはいけないと村人が注意したのに、無視した結果である。ある若いバードウォッチャーは、オーストラリアの奥地で脱水症状を起こし、人知れず死んだ。特別のめずらしい鳥を見ようとして命を落とす人もいる。そのひとりのある鳥類学者がヒ

フルマカモメ

マラヤで嵐の夕暮れに外に出てしまったのは、バードウォッチャーの垂涎の的ヒオドシジュケイの鳴き声が聞こえたからだった。この鳥は、あでやかな姿の赤いキジの一種で、頭が青く、腹一面にくっきりとした白い斑点がある。まるで、さっきまで泣いていて、涙で胸を濡らしたように見える。おそらく、いちばん美しい鳥が、結局、いちばん危険なのだろう。どうしても見たくて、このような危険を冒す人がいるのだから。

しかし、最大の危険を冒すのは、見た目が冴えなかろうが、美しかろうが、鳥なら何でもかんでも見たがる連中である。この手の輩は世界中の鳥をもれなく観察しようとする（ワールドリスティング）。できる限り多くの種を見ることに人生を捧げ、観察中に命を落とした人もいる。無謀なことはめったにしなくても、稀少な固有種——スコットランドイスカのような、その土地だけでしか見られない鳥——を追い求めて小型飛行機であちこち飛びまわり、狭い滑走路や泥んこ道に着陸するなんてことをいつまでも続けていれば、いずれ非業の最期を遂げる確率は無視できないほど高くなる。中には、毎年のように危険な場所に危険な手段で出かけて行き、やがてはそのつけがまわってくる人もいる。いちばんよく知られているのは、フィービー・スネツィンジャーだろう。広告業界の大物だった父親レオ・バーネットから相続した財産をつぎこんで、ワールドリスターとなる夢を実現させようとした。ところが、一九九九年、夢を追っている最中に、マダガスカルで交通事故にあい、死んでしまう。世界中の鳥を見ようとして一九八一年から観察をはじめたのだが、その動機は、不治のガンを宣告されて死が迫っていると考えたことにあった。皮肉な話だ。どうせ死ぬのなら好きなことをしている最中のほうがいいと決心してその通りになったのだが、その死に方は自分でも思いもよらないものだっただろう（ワールドリスティングという珍現象については、〈アカアシイワシャコ〉（152頁）でくわしく述べる）。

（中尾ゆかり）

空飛ぶ海賊

オオトウゾクカモメ

GREAT SKUA

トウゾクカモメ（同科の鳥の総称）は、理想的な客のように思われるかもしれない。目の前に出されたものは、ほとんど何でも食べてくれる。おいしい小さなベリーのコンポートにはじまり、極上のネズミ、そしてメインディッシュの魚とご機嫌でどんどん平らげる。しかしどんな鳥にせよホストにとってあいにくなことに、そこで終わりにはならない。卵やひな（同じ仲間でも遠慮なし）、あげくの果てには当のホストまでもペロリと食べてしまう。体をつかんで、溺れさせることもよくある。たとえなんとか生き延びられても、たいてい餌は巻き上げられることになる。

トウゾクカモメは、姿はカモメ似で相当な悪党面、それに太くてたくましいブルドッグのような短い首と大きなかぎ型の嘴をもっている。多くの鳥が手近にあるどんな食物にも適応する能力を持っているが、この鳥の仲間はその最たるものだろう。一九三〇年代に英国海軍航空隊が強力な急降下爆撃戦闘機にこの鳥の名をとって、ブラックバーンスキュア

（スキュアはトウゾクカモメの英語名）と命名したのはいやになるほどぴったりだった。第二次世界大戦で、枢軸国の飛行機を最初に撃墜した飛行機である。

「あの鳥は何を食べるんですか？」これは鳥を目にしたとき一緒に散歩をしている人がいちばんよくする質問である。小型の鳥の中には、嘴が特定の餌を食べられるように進化した気難しい消費者もいる。しかしもっと大きい鳥の多くは、どんな餌でも柔軟に受け入れる能力を備えている。大型の猛禽類は、鳴鳥や小型の哺乳類を常食としているが、小型の猛禽類と縄張り争いをして殺してしまった場合は、それを餌の足しにすることも知られている。

トウゾクカモメは、鳥の中では餌にはいちばんうるさくない部類である。旅慣れた旅行者はどこへ行っても滞在地の料理を喜んで食べるが、それと同じで、レミングでも、魚でも、仲間の海鳥でも、地元にある餌を好きになる。しかし餌を盗むことこそ、トウゾクカモメがその名を知られる由縁である。この習性は学術用語でkleptoparasitism（クレプトパラサイティズム）。おおざっぱに言えば、古代ギリシア語で他人の食卓から食物を盗むことを意味する。多くの学者は、もっとロマンティックにトウゾクカモメは「海賊」だと言うが、その生き方をうまく言い当てている。人間の海賊のように、ほかの鳥が苦労してやっと手に入れた宝物を奪う。海鳥が捕らえたばかりの魚をのどからどころか胃からも吐き出させるのである。人間の世界と同様に鳥の場合も、実力行使に出なくても脅迫するだけで望む物は手に入るが、トウゾクカモメはわざわざ嘴で翼をとらえて、相手が餌を渡すまで海中に引っ張り込む。しかし盗み寄生者 kleptoparasites（クレプトパラシティック）ではあるが、前世紀まで思われていたような kleptoparasitical coprophagiacs（クレプトパラシティカルコプロファギアック）ではない。そういうと、いかにもご大層に聞こえるが、ほかの生物の尻を追いまわしてそのウンチを頂戴するという意味である。

トウゾクカモメに公平を期すると、ほかにも脅かして餌をゆする鳥がいる。まともに自分で獲物をとらない、そういうたちの悪い行為は鳥全般に見られる。特にクロウタドリは、「重大なる身体障害」になるぞと脅かし、他の鳥からカタツムリ（もちろん手間がかからないように殻を割ったもの）を盗み取る。というわけで、きっと皆さんの庭の奥にも海賊がいますよ。おどろき桃の木でしょう。鳥は秩序を守って暮らす生き物の例として取り上げられ、われわれ行儀が悪い人間は、鳥から学べとよく書かれる。また鳥その他の動物は自分が直接餌にはしない生物に対してはとても行儀が良いと考え、人間による暴力は、社会がもたらした腐敗が原因で、人間性そのものによるのではないという論をなす人もいる。しかし実情はちがう。多くの人が互いに盗みを働き、そのために平気で暴力をふるう結構無法状態の国があるが、鳥はそういう国で暮らす人間と大して変わらない。鳥はまた、餌に関しては驚くほどご都合主義になることがある。何年か前、科学雑誌『ブリティッシュバード』の通信欄にキョウジョシギ（およそアカゲラと同じ大きさの渉禽類で、冬にイギリスじゅうの海岸線で見られる）の餌に関する長い手紙が載った。とどのつまり、ある読者から、海岸に打ち上げられた人間の遺体を食べているのを目撃したという報告があった。

トウゾクカモメの餌が変化に富むことは、ほかの鳥にはめったに見られないもうひとつの特性を持つ原因にもなっている。同じ種なのに羽毛が黒褐色のものもいれば、大部分が黄色と白のものもいる。「暗色型」は、「淡色型」よりも、相手に気づかれずに近づけるので、略奪の手際がいい。繁殖期は大事な時期で、やり方がまともだろうが汚かろうが、できるだけ多くの餌を手に入れる必要がある。そういうときに盗みをこととする集団では、暗色型の割合が高い。

学者は以前からこうしたさまざまな変異形はおそろしく紛らわしいと思っていた。クロトウゾクカモメの場合はとりわけそうで、けしからんことにトウゾクカモメ科の他の種とは異なり「中間色型」までいる。かてて加えて若鳥が成鳥にあまり似ていないとなると、混乱する条件は申し分なくととのってしまう。昔の博物学者は、新種などいない場合でも発見したいと思うのが当然の願いで、この状況をフルに活用した。そのあげく新種かどうかを見抜く仕事が家内工業になりそうなありさまにもなった。十九世紀にそれを専門にしていたある人は、博物学者が何年もの間に名前をつけた二十三種にものぼるトウゾクカモメを調査し、すべてただの一種であると判定した。それがクロトウゾクカモメ。オオトウゾクカモメと同じく、スコットランドでも繁殖する。興ざめにも程がある。

オオトウゾクカモメがイギリスにきたのは一七五〇年頃。はるか北から風に流されてスコットランドに着いたが、人間から食物を頂戴するのに長けていたのでしだいに繁殖していった。と言っても実際は人間から盗んでいるのではなく、漁船が売物にならないとして捨てたものを餌にしている。自然保護論者が一番心配しているのは、イギリスでその数が少なすぎることではなく、多すぎること。漁業政策がもっと厳しくなり、漁船の数が減れば、オオトウゾクカモメは昔ながらの習性を頼り海鳥から盗むだろう。すると今度はその海鳥が飢えることになる。これは人間の行動の変化が、鳥の世界に連鎖反応を引き起こすことを示す何よりの例である。それによってやがてもたらされる結果は、得てして広範囲に及び、きわめて予測がつきにくい。

（深瀬和子）

コウテイペンギン

EMPEROR PENGUIN

煮え湯を飲まされた氷上の皇帝

ほとんどの時を南の最果て極寒の地ですごすのが好きな鳥というのに、ペンギンは歴史上さまざまな時点で苦難の煮え湯を飲まされてきた。

五百年ほど前、西欧の探検家に発見されるまでは、きびしいが単純な生活を送っていた。とりわけコウテイペンギンにとってきびしさはこの上ないものだった。巨大な図体でよちよち歩き、翼は黒、腹から首筋にかけては白、喉元は黄色味がかっている。ペンギンチョコバーに描かれているその姿はなつかしい「ペンギンつかまえて」のキャッチフレーズを生み出した。が、かりにもこいつを空高く放り上げようなんて了見は起こさないがよろしい。なにしろ成鳥ともなれば上背は優に一・二メートル、体重四五キロに及ぶのだ。

チョコレートの包み紙に描かれたこの鳥はなかなかのしたたか者である。嗜虐的とでも言うべきか、真冬の南極圏で繁殖する唯一の鳥で、なんと気温は氷点下六〇度を下回り、風速は秒速四五メートルに達する。当然ながら、その体形から集団生活にいたるまで、凍結状態に対応して進化を遂げてきた。体熱を奪われないように、羽は短い（思い出して下さい。寒いときには腕をしっかりと胸元で組みますね。手足から熱がずいぶん奪われることがわかるでしょう）。コウテイペンギンに限らず、総じてペンギンは群れをなし、お互いに押し合いへし合いしてひたすら保温に努める。自然の中では、争い合うより助け合うほうが、ずっと理にかなっていることを証してくれる。ペンギンは大きなコロニーを作って営巣し、たえずごちゃごちゃと入りまじって、とりわけ風当りが強くエネルギーの消費が尋常でないいちばん周辺の位置を交代でとる。これがペンギン流の押しくら本能、南極版の群居本能である。その結果おそらく生態学史上空前の珍しい悲劇を生むことになる。オーストラリアと南極大陸との中間地点にあるマコーリー島で、なんとオウサマペンギン七千羽が将棋倒しに惨死したのである。オーストラリア空軍機が余りにも接近しすぎたばかりに、隙間なく密集した群れが先を争って暴走した結果だった。

したたかものはお互い気脈が通じ合うところがある。ロバート・ファルコン・スコットが一九一〇年南極点に向けて出発するに先立って、三人の先遣隊員がコウテイペンギンの卵をとるという予備旅行におもむいた。遠征地は折から真冬の極地点、もっとも厳しい条件のもとに行なわれた。考えられる限りもっとも厄介な仕事を、もっとも過酷な方法で、それも極力空騒ぎを避けて実行するといういかにもイギリス支配階級の自虐的傾向を示すものだった。さて一行がその卵を持ち帰ったときには、先遣隊員の唇は文字通り凍てつき、こわばっていた。スコットは人類史上これほど厳しい旅はなかったと隊員たちに告げている。

しかし、過去何世紀にもわたって人類がしでかした所業に比べれば、卵を失敬することぐらいものの数ではない。両者のかかわり合いはそもそもの最初からまずかった。数百年前のこと、人間はうっかりこの鳥にペンギン（ラテン語のpinguis、「太っちょ」に由来）とまちがった名前をつけてしまった。黒に白の斑模様、十九世紀に絶滅したウミスズメの仲間、オオウミスズメと思ったのである。

数世紀にわたり迫害が続く。でっぷりとしたペンギンとその巨大な卵は船乗りにとっては格好の食料になったし、豊かな体脂肪は船乗りだけでなく、土着の人びとにとっても燃料、皮鞣し、その他さまざまな面に巧みな応用がきいた。（もっともペンギンにしてみれば、そんなに豊かに振る舞うつもりなどさらさらなかっただろう。）

二十世紀初頭には自然保護主義者の激しい抗議で、こうした迫害はあらましなくなった。ところがペンギンはまたもや新たな紛争の渦にまきこまれる。動物園にいれることのよしあしやら、「正義の戦い」論争やら。二十一世紀に入るとコウテイペンギンとは同じ仲間のチンストラップ・ペンギン（顎紐ペンギン）が、同性愛者の権利擁護の思いもよらぬ偶像となる。

よりによってペンギンがなぜそんなものに巻きこまれるのだろうか。要するに人間そっくりだからだろう。珍しく直立の動物で、たえずおしゃべりしながら歩きまわるその姿は、ディナージャケットを着こんだ紳士が、豪華な宴席で、いささかよけいにワインの栓を抜いたあげく、もって生まれた口の栓まで抜けてしまったおもむきである。

こうも外見が人間に近いばかりに、ペンギンは動物園の人気者になってしまった。そうなればこそ、動物園なんぞに野生の鳥を閉じ込めていいのか、といったことまで論争の種になる。一九八二年、再度イギリスがフォークランド諸島に侵攻したとき、ガーディアン紙上で漫画家スティーヴ・ベルがこれを糾弾するに当たって、毎回ペンギンを登場させたわけもわかろうというもの。ベルがその島に住むペンギンを使ったのは、まずは、イギリスの上院議員諸公にはフォークランド諸島がいかに無縁であるかということ、さらに反対する野党の目から見れば、この戦争がいかにばかばかしく、正義に反しているかを強調するためだった。ベルはペンギンの人間そっくりに気がつくと、再度ペンギンに仮託して、その太っちょぶりを、秘密監獄とタブロイド紙を運営する貪欲資本家として描き出す。

このヒトニドリは、最近では二〇〇五年、面倒な論争の深みにはまりこむ。「タンゴが生まれて家族は三羽」という子ども向けの本が出版されたが、これはニューヨーク・セントラル・パーク動物園の雄のチンストラップ・ペンギン二羽が子どもをもうけた実話を元にしている。この本は同性愛者の権利を擁護する教師のあいだでは好評の反面、多くの在米キリスト教信者の父兄のあいだでは同じくらい不評を買い、公共図書館では広く閲覧禁止となった。裁判所では言論の自由を保証する米国憲法修正条項の微妙な点を論議する裁判が行なわれた。例によって事実は小説よりも奇なり。ペンギン二羽のうちの一方は両性具有だったことがわかり、それまで六年にわたって関係してきたパートナーは別の雌といっしょになった。奴さん、新しい「ペンギンをつ、つ、つかまえて」しまったのです。

（東 英司）

セグロカモメ
HERRING GULL

鳥を見て己を知れ

ティンバーゲン兄弟は、オランダの優れた学者で、ふたりともノーベル賞を受賞した。しかし、ヤンは経済学賞を贈られたのだが、ニコが一九七三年に得た賞の対象となったのは、生涯にわたり鳥をいじめたことで、特に専門としたのはセグロカモメに精神的苦痛を与えること。された方にしてみれば不運のきわみ、まさにセクハラならぬセグロハラだった。

ニコ・ティンバーゲンがとりわけ興味を持ったのは、鳥の本能的な行動を解明することだった。一九三七年には、オーストリアの友人コンラート・ローレンツの家で、彼と一緒にガチョウにフラストレーションを起こさせて、楽しいひと夏を過ごしている。手はじめに観察したところ、卵が巣から転がり出ると、ガチョウは首をのばしてそれを顎の下に掻い込み、それからほかの卵の中に戻すことがわかった。そこで大きな擬卵を作り、ガチョウがどう反応するかを見る。いたずら好きなふたりには、擬卵が大きすぎて、どうやって

もガチョウには無理だと思えるのに、ガチョウは依然として本能の命じるままに、それを巣に戻そうとしたのである。（これだけなら、鳥はいかにもバカに見えるが、鳥がどれほど高い知能を示すことができるかは、〈ハシボソガラス〉（247頁）を参照）

熱心な学生たちに囲まれて、その中には後年の著名な科学者リチャード・ドーキンズもいたのだが、ティンバーゲンは同じような実験をカモメについても行ない、その研究に専念して、グリーンランドで一年を過ごすようなことまでやっている。彼がとりわけ心を奪われたのは、セグロカモメである。ずんぐりした灰色と白の鳥で、厚く黄色い嘴の端には、一滴の血のように見える大きな赤い点がある。セグロカモメはよく防波堤の上にとまっていて、イギリスのうらぶれた港町のナイトクラブの用心棒さながら、あたりを脅すように睨みつけている。しかし一方では温かみのある別の面もあり、BBCラジオ放送「無人島のレコード」のオープニングでは、ニャーニャーと猫のような鳴き声を聞かせている。ティンバーゲンの調査の結果は、一九五三年に書かれた『セグロカモメの世界』となって世に出た。

ティンバーゲンは、セグロカモメの嘴に特有の赤い点を使って、もう一つ有名な実験を行なっている。ひながこの赤い点を見て餌をねだるありさまを拠りどころに、赤い編み棒に白い横縞をいくつも塗ってひなの前に差し出した。実際のセグロカモメには赤い点は一つしかないのに、これには赤い点がたくさんあって、まるでニキビだらけのセグロカモメみたいに見える。するとひなは、この刺激に対し、赤い点一つの親のカモメにそっくりな模型に対するときよりも、もっと熱心に反応したのである。

この反応パターンは、ほかの実験でもくりかえし起こった。ティンバーゲンは、小さな体の鳴鳥が、人工の擬卵が大きすぎて、抱卵しようにも滑り落ちるくらいでも、できるだけ大きな卵の上に乗ろうとすることを確認した。さらに、小さい鳴鳥は地味な色合いの自分の卵よりも、明るい空色の卵を好んだ。蝶に注目しては、厚紙で作った模型が雌の特徴を誇張していれば、雄はほんものの雌の蝶よりも、厚紙の模型を追いかけまわすことを発見している。

ティンバーゲンは、こうした実験から、「超正常の刺激」の概念を生み出した。つまり、生物は、実物よりも、実物を誇張したものの方に強く反応するということ。この概念は心理学者にとり上げられ、人間に応用された。最近特に注目されるのは、ハーヴァードの心理学者ディアドリ・バレットが二〇一〇年の著作『超正常の刺激――進化の目標を通り越した原始の衝動』で、現代の豊かな社会が抱える問題の多くはこの原則が引き金になっている、と論じたことだろう。たとえば、原始の社会では脂肪があれば餓えずに済んだ。だから私たちは脂肪に対して生まれながらの強い欲求を持っているが、この欲求につけこんで、ジャンクフード・メーカーがこれでもかこれでもかと甘い人工的なジャンク・フードを作り、その欲望を過度に満足させている。その結果が肥満である。バレットは、テレビが催眠術的に普及しているのは、それが超正常の刺激だからだとも論じている。わたしたちの感覚は、日常生活では、笑い、微笑、突然の行為に強く反応するが、テレビは現実よりもこれを多量に提供するから、脳がそのとりこになってしまった。ティンバーゲンの研究結果は、友人の優れた精神医学者ジョン・ボウルビーにも影響を与えた。ボウルビーは、人間行動の研究の中で生物学的衝動の進化が不当に軽視されている、と述べている。

わたしたちの日常生活には、大衆紙の三面記事に見られるシリコンを注入した豊胸を誇るグラマーなモデルのような「超正常な刺激」が存在する。そのことはハーヴァードの心理学者でなくてもわかる。しかし、サマンサ・フォックスにどうしてこんなに魅力をおぼえるのかは、ティンバーゲンのセグロカモメの観察のおかげで、一段とよく理解できるようになった。

結局、ティンバーゲンは、鳥類の生物学的衝動と行動に切りこんだ草分け的な研究に対して、友人ローレンツと、そして鳥よりもミツバチに興味を持ったオーストリアのカール・フォン・フリッシュと共同で、ノーベル医学生理学賞を受賞した。ティンバーゲンは、

セグロカモメ

いつも人間よりも鳥の行動に熱中していたのだが、わたしたちが人間について彼から学んだことはとてつもなく大きい。ソクラテスは言った、「人間よ、己を知れ、さすれば宇宙と神を知らん」と。むしろ「人間よ、鳥を知れ、さすれば己を知らん」と言うべきだったかもしれない。

（菅原英子）

バミューダミズナギドリ

BERMUDA PETREL

絶滅から復活へ

バミューダミズナギドリは白黒の羽毛で被われ、嘴の上に管状の鼻孔がついていて、それで風が運んでくる食べ物のにおいを嗅ぎつけるという、見るからに変わった海鳥である。イギリス領だったバミューダ島の総督が、この鳥の保護に乗り出したのは、世界でも初期の活動のひとつだったが、一六二〇年代に絶滅してしまった。うまい食料を求めた入植者をはじめ、いっしょに持ち込まれたネズミやネコやイヌなどの多種多様な動物の餌食となったのだった。

西洋では、その土地のものを皆殺しにして初めてそこを占拠したことになるようだが、この鳥の絶滅はそんな歴史にもうひとつの汚点を残すこととなった。ところが一九五一年におかしなことが降って湧いた。バミューダミズナギドリが鳥類学者によって本島に近い岩で再発見されたのである。あわせて十八つがい。一九〇〇年代初頭に蒐集された、たったひとつの標本が確かにバミューダミズナギドリであることを裏づけるものだった。数年後、フィジーミズナギドリが再発見される。続いて、ニュージーランドミズナギドリ、そしてごく最近になってベックミズナギドリといった具合で、実のところ、（まだ）再発見されていない絶滅ミズナギドリは、一八七〇年代以降目撃されていないジャマイカミズナギドリぐらいである。

ミズナギドリはとりわけ「ラザロ種」――長期間、絶滅したと思われていたが、聖書に登場してくるラザロさながら死者（絶滅）からよみがえる動物を指す用語――になる傾向が強いように思われる。ところが、同じようなことが他の多くの鳥にも起きている。世界中であらゆる種類の鳥を見てきたイギリス人トム・ガリック（彼の異常な体験をもう少し知りたければ、〈アカアシイワシャコ〉（152頁）を参照のこと）は運のいいことに二種類の鳥を再発見した。サントメ島のサントメマシコとエチオピアのキノドカナリアである。

バミューダミズナギドリは鳥のラザロ種の中でも極端な例で、絶滅から復活までの期間がもっとも長く、なんと三百年に及んでいる。哺乳類の世界では、ウマの一種であるカスピアン・ポニーが、絶滅したと思われてから約千三百年後の一九六〇年代に再発見された。この分でいくと、鳥の世界でのラザロの可能性も（ほとんど）きりがないといえるかもしれない。

このいささか喜劇じみたてんやわんやのありさまは、科学をお笑い草にして、鳥類学者も所詮は何が絶滅し何が生き残っているかわかってはいないことを、それとなく示しているのだろうか。

ある程度、このような早まった絶滅の判定はやむを得ないところがある。たとえばミズナギドリ類は、生涯のほとんどを海で過ごし、しかもたいていはお互い大変よく似ている。絶滅種と思いこまれている鳥は、捜す対象にはなりっこないから当然見落とされがちになる。その上見つかりにくい孤立岩で繁殖する。今これを書いている時点で、ニュージーランドミズナギドリがどこで営巣するかを実際に知っている人はいない。というわけで、稀少な海鳥を見つけるのは、干し草の山の中で一本の針を捜すようなもの。いや、干し草の山で針一本捜すのは、大海の中で稀少なミズナギドリを一羽見つけ出すようなもの、と言った方がいいかもしれない。

他のラザロ種が見つけにくいのはそれなりの理由がたくさんある。たとえば、クビワスナバシリは、タゲリ――羽毛が黒く、翼の広い鳥で、イギリスの原野に住み、蝶のように突然舞い降りたり、舞い上がったりする――の仲間で、インドの森に生息しているが、再発見されたのはやっと一九八六年のことで、最後に目撃されてからほぼ百年もたっていた。科学者はクビワスナバシリが何をするにも、仲間の鳥と同じように日中にするものと思っていた。ところが実際はもっぱら夜に活動していた。従って、捜す場所は正しかったのに、捜す時間がまちがっていたことが大いにあり得る。

しかし、ラザロ種のこの現象は科学の考え方に重要な問題をなげかける。科学者の多くは「予防の原理」を信奉している。つまり、最悪の事態を想定することは絶対の要件で、それによってこそ状況改善の意欲に最大の拍車がかかるということ。そして、この原理を鳥の場合にも当てはめ、たとえば次のように指摘する。鳥類探検隊の多くは、それが絶滅したと広く思われているからこそ、探索に乗り出しているのだ、と。そして首尾よく再発見した時に湧き上がる称賛はどうだろう。大学生だったころ、学部学生のバードウォッチャーグループが夏休みにマダガスカルへ出かけて、マダガスカルヘビワシを再発見したことがある。おもしろ半分出かけたにしては、何ともすばらしいことをやったものだ。

よく議論の的になることだが、人間がもたらす気候の変化に対する抜本的な対策を擁護するのに、この予防の原理が引き合いに出される。科学者はこう主張している。「地球が絶えず温暖化し、その原因が人間であると確実に立証できるころになってはもはや手遅れで、対策の施しようがない。最悪の事態を想定して今すぐに行動すべきである。」

では、捜さなければならない「絶滅」鳥がごまんといるのに、どうして存在したこともない動物や、とっくに絶滅してしまっている動物に興味を持ち、風変わりで人目を引きつける動物捜しに、多くの団体が出かけるのだろう。最近になって、雪男やネス湖の怪獣やなんとサーベルタイガーの探索までも、新たに見受けられるようになってきた。この原因のひとつは、でまかせを世界中にもっとも効果的に拡げるインターネットの発達である。インターネットは、科学者が、そんなものは学問的に存在しないと一笑に付している動物の探索に活気を与えている。未確認動物学とかいう一時の気まぐれ。これはもはや予防の原理というより、むしろ無謀な原理だろう。

おっと、ここで筆を擱こう。たった今、庭の池の上を妙な格好の鳥が飛んで行った。

ひょっとするとジャマイカミズナギドリかも………

（鈴木忠昌）

種の細分は頭痛の種

ノドジロムナオビウ

ROUGH-FACED SHAG

ノドジロムナオビウにとって、今や生きて行くのは厳しい。

近年までニュージーランドには、二、三種の白黒の、足の大きいウが、南北両島全土の広い範囲に生息していた。莫大な数ではないが、数千羽。生きて行くのは単調ながら安全だった。

ところが、あるとき突然、正気とは思えない科学者たちが、この二つ三つの種を多数の異なった種に分類する、あるいはさらに亜種にまで細分する作業を、まるで明日がないかのような勢いで始めた（分類作業開始以前でさえ、正確にいくつの種がいたのか、意見は一致していない）。今や、そのなかでも比較的稀少種のひとつであるノドジロムナオビウには、明日がないかもしれないと思われている。鳥類学者は、すべての分類作業の終わった時点で、はっきりノドジロムナオビウであるとわかっている個体は三百未満しか残っていないと結論した。踏んだり蹴ったりとでも言うか、新たに種として認定されたノドジロムナオビウには、さらに嘴の根元の上部にある黄色味がかったオレンジ色のふくらみにちなんで、鳥の名前のなかでも最もおかしな英語名が付けられることになった。Rough-Faced Shag「コブコブ顔のウ」である。

ノドジロムナオビウは、生物学者がよくぶつかる新たなジレンマを如実に示している。新しい種が絶えず増え続けるため、それぞれの種を保存することがますますむずかしくなる。これらの鳥で、今まで、科学界に知られていなかったものは、ごく少数にすぎない。問題の発端は、「細分派学者」(splitters)（ひとつの種をさらに二つかそれ以上に分けたがる学者）と「併合派学者」(lumpers)（その反対に分類群を大きくまとめたがる学者）が何百年にもわたって争ったあげく、「細分派学者」がめざましい勝利を収めたことにある。もし「併合派学者」が自分たちの流儀で分類したとすれば、鳥の種の数は九千をはるかに下回ることになっただろう。しかし、現在、大方の科学者は種の推定数をおよそ一万としているし、約一万二千と見る人もいる。

なぜ種の数が、以前考えられていた数に比べてこれほど急増しているのだろうか。異種交配で生まれる子は大体が生殖不能になるのが普通で、それが種と種を分ける重要な境界線になるのだが、大勢の生物学者が躍起になってそれを確かめた結果、種の数が増えたわけではない。そんなことは手間がかかり、おいそれとできるものではない。その代わり、二羽の鳥の外観の相違に注目することが伝統的な方法になった。外観に相当のちがいがあれば、別々の種とし、大したちがいがなければ、おそらく同じ種類の別の仲間と考えた。

しかし比較的最近、DNAによる調査法ができたおかげで、二つの非常によく似た鳥のDNAが、実際には測定でかなりの相違があるとわかるようになり、それが新種の発見に結びついた。その結果がノドジロムナオビウの誕生であり、ステュアートウの誕生、チャタムウの誕生、オークランドウの誕生、バウンティウの誕生、そしてキャンベルウの誕生である。

DNAによる分類で、種の数がさらに千増えたら、保護すべき種の数も千増える。これらの「新」種の多くは、生息域が非常に限定されているという現実があるから、保護はいっそう難しくなる。これらが稀少であるのは、数が減ってきたからではない、最初から数が少ないから稀少なのだ。ノドジロムナオビウの生息地は、ニュージーランドの南島沖のマールボロ海峡にある二、三の岩にすぎない。

皮肉屋なら、こうしたすべての種を保護する必要があるのかと訊ねるだろう。わたしの答は、種の全部を保護することは大事だが、優先順位をつけるべきだということになる。自然保護を唱える科学者たちの議論にいちばん多く使われるのが、生物の多様性。すなわち生物は可能な限り多様に存在する方が人間にとって有益であるという。その一つは、非常に多様な種を目にすることから受ける喜びである。とすれば、太平洋上のニューカレドニア島に生息するカンムリサギモドキのほうが、ノドジロムナオビウよりも保護の優先順位が上になる。カンムリサギモドキは美しい灰青色で、なんとなくコウノトリを思わせるが、しかし実際には世界中のどの鳥にもあまり似ていない。これに対してノドジロムナオビウには、近い親戚がたくさんいる。

多様性が有用であることを示すもう一つの点は、ちがう種がたくさんいれば、持続可能な方法で利用する限り、それぞれ医療、産業、生活様式、とさまざまな面で人間の役に立つということである。「サン・ニコラス島のひとりの女性」の不思議な話は、この議論にも長所と同時に限界があることをあらわしている。十九世紀、サンニコラス島に狩猟のため上陸したロシアの攻撃的な猟師たちが、アメリカ先住民の部族を殺戮した。その後、残っている先住民のアメリカ本土への救出が試みられたが、多少手抜かりがあり、たったひとりカリフォルニア沖のこの島を離れなかった先住民の女性がいた。この女性は十八年たってようやく発見されたのだが、そのときこの島を営巣地にするブランツウかミミヒメウの羽毛で作った腰衣を着けていた。ウの羽毛は撥水性が高いから、この腰衣はたしかに有用だった。しかし、世界中にウは四十種くらいはおり、どれをとっても同様に役立っただろう。だからこの謎の女性の着衣を例に挙げて、ノドジロムナオビウなど、個々のウの保護云々の議論につなげるのは、ウ呑みにはできない。

しかし、とにかく、もっと大事な問題、「コブコブ顔のウ」というばかげた名前をどうするかに話を戻そう。姿かたちが大きいので、自然愛好家のなかには、King Shag「大王ウ」と呼びはじめた人もいる。そう、そのほうがずっと貫禄があるんじゃないかな。（菅原英子）

3.
猛禽
Birds of Prey

最速の生物にも農薬の害が

ハヤブサ

PEREGRINE FALCON

半世紀前、世界最速の鳥が早期警戒システムとして働き、有害な化学物質の使い過ぎは人類の滅亡につながると警告を発した。

ハヤブサは、速さ最高の鳥というだけでなく、あらゆる生物のなかでもっとも動きが速い。空ばかりでなく、陸上でも、水中でも、ハヤブサにかなう生物はいない。獲物を取るために急降下するときに秒速一〇八メートル出した記録があり、チーターの秒速三二・五メートルという陸上記録が、なんとものろく感じられる。

ハヤブサはスピードのおかげで鷹匠に特に好まれた。一般の人にはチョウゲンボウが人気の的（この鳥のホバリング能力については〈チョウゲンボウ〉（81頁）を参照のこと）、女性にはコチョウゲンボウがそうだった。コチョウゲンボウはイギリスのハヤブサ科の中でいちばん小さな鳥であることから、華奢なご婦人にとりわけ向いていたらしい。貴族やお偉方には、やはりハヤブサが気に入られ、「ミュー」と称する特別のケージで飼われることが

多かった。「ミュー」とは、もとは「ハヤブサの換羽」を指す言葉なのだが、換羽中のハヤブサはよく飛べないのでケージで保護されがちだったことがその名の由来である。ミューは母屋の裏の小さな建物に置かれていた。そして鳥の名がケージの名前になったのと同じ伝で、やがてケージの名が建物になり、「ミューズハウス」という言葉も生まれた。さらに鷹狩りの習慣がすたれると、ミューズハウスの多くが馬を飼うのに使われたので、語源が雲をつかむようにあいまいになってしまった。ミューズハウスの役割は、近代になってまたまた変化する。まちなかで馬が飼われることはほとんどなくなり、数世紀前ならハヤブサを飼っていたか

もしれないようなたぐいの上流階級の人たちが、ミューズハウスを住居としてほしがるようになった。

ハヤブサは運動能力抜群で、かっこよさにかけては最高の求愛儀式をやってのける。雄が空から雌に向かって貢ぎ物の食べ物を落とす。すると、下を飛んでいる雌が、さっと宙返りして鉤爪で受け止める。完璧なシンクロである。

またハヤブサはこのすばやさを武器に、ハトなど中型の鳥をとりまくる。イギリスの都市には太ったハトがわんさといるから、こんな都会にと思うほどのところでも、ハヤブサは生息できる。以前、ロンドンのリージェント・パークのすぐ隣のオフィスビルにハヤブサがいた。親鳥はりっぱに育った子どもたちを誇らしげに見守り、子どもたちは、メリルボーン通りを行き交う人の波を興味深そうに見つめていた。このように都会好きなところが、第二次世界大戦中に航空省から目の敵にされる事態をもたらしたのかもしれない。ハヤブサに伝書鳩を食べ尽くされる前に退治せよ、ということになった（伝書鳩は、戦闘機が撃墜されたとき司令部に危急を知らせるために乗せられることが多かった）。

空飛ぶ最高の捕食者であるハヤブサは、戦闘機でいえば当時最新鋭のスピットファイヤーにあたるような鳥だったのに、イギリスであの戦争の犠牲にされるとはなんとも皮肉だった。ハヤブサ以外の鳥は、相次ぐ爆撃と氾濫によって恩恵を受けたのと対照的である。けれども、ハヤブサは全滅したわけではなかった。学名の *Falco peregrinus* がラテン語で「放浪性のハヤブサ」という意味であることが示すように、実に広く分布している（氷結しない陸塊では、なぜかニュージーランドにだけいないが、そのわけはハヤブサのみぞ知る)。そこで、世界全体にわたって将来を保証され、イギリスでも一九五五年には、ほぼ戦前のレベルまで回復した。

しかしその後、内外の学者がおかしなことに気づいた。ハヤブサが奇妙なことに、減少しだしたのだ。成鳥はペアになり、餌の豊富なテリトリーもあるのに、ひなが育たない。これは自然の法則に反するように見えた。

さらなる調査で、異常の原因が見つかった。農業で使われていた殺虫剤のDDTが、ハヤブサの体内に蓄積し、卵殻のカルシウム分が減少していた。そのためひなが孵る前に卵が割れてしまう。その結果、一九六三年には、第二次世界大戦以前からあったテリトリー、六か所のうち一か所でしか二世が誕生していなかった。打撃は他の猛禽類にも及んだ。

餌にされる鳥ではなく、捕食者の鳥がなぜ打撃を受けるのか。答は「生物蓄積」である。DDTは、小さな鳥の体内では危険なレベルまで蓄積することはないが、小さな鳥を何百羽と食べるハヤブサ、ワシ、フクロウなどの猛禽類となると、そうはいかない。食物連鎖の頂点が即、もっとも危険ということになる。

農地でのDDT散布がイギリス政府によって禁止されてから、農薬としての使用は世界的に禁止されることになり(マラリヤとの戦いではまだ使われるが)、ハヤブサの数は世界全域で回復した。一九八五年には、イギリスの個体数も戦前を上回った。

かくて、ハヤブサの将来が確保され一件落着——かと思われるが、そうはならなかった。

人間は自分のことが心配になってきた。食物連鎖の頂点にいるなら、人間も農薬の害を受けるのではないだろうか？　アメリカの生物学者レイチェル・カーソンは、一九六二年に著した画期的な著書『沈黙の春』で、ＤＤＴなどの農薬の過剰使用を批判し、鳥ばかりでなく、ホモサピエンスに与える影響についても問題を提起した。同書は沸き起こりつつあった環境保護運動の主要テキストになる。鳥に未来がないなら、人間はどうだろう？　ひょっとすると、人間にも未来はないのかもしれない。しかし、人間には、すくなくともハヤブサという早期警戒システムがあることだけはまちがいない。

（殿村直子）

アカトビ

RED KITE

有る物を活かすことこそ生きる道

アカトビがウェールズの人里はなれた森林地帯を好むというのは、百年前アメリカへ渡った貧しいイタリア移民がニューヨークのリトル・イタリーにあるすし詰めの不衛生なアパートを好んだというのと少し似ている。どちらも、それしか許されなかったのだ。

中世ではアカトビは、たぶんイギリスでいちばんよく見かける猛禽類だった。身近な鳥で、子どもが揚げる凧《カイト》はアカトビ（Red kite）から考え出された。凧が尻尾を操って空中に静止する技術は、羽を動かさずに滑空するトビの飛び方と相通ずる。シェイクスピアはしょっちゅうこの鳥を引き合いに出しているし、アカトビの古い記述はその数の多さに触れている。ところが、これほど多くのトビは、人があまり住んでいないウェールズの田園地帯（二十世紀の大部分のあいだ、イギリスでの最後の生息地となっていた場所）に住んでいたわけではなく、全く正反対の環境にいた。ごみ収集人が毎週やってくるようになる前は、トビが腐肉にありつける機会がふんだんにある、人口の集中した街中がそのすみかだった。

トビにとってこれほどありがたい話はない。すでに死んでいるのだから、獲物を取り押さえる必要すらない。逆の見方をすれば、これは人間にとってもありがたい話だった。地方自治体が組織的にゴミの収集を行なうようになる前の時代には、アカトビが組織的なゴミ収集をしてくれていた。チューダー朝のロンドンではこの無料サービスへのお礼として、アカトビは、殺すことを禁じた法律で守られていた。

しかし、文明の進歩に伴ってトビの役割はなくなり、やがて正反対のカテゴリーに転落する。家畜を襲うかもしれない有害な鳥ということで、根絶するしか価値がなくなってしまった。近代的な銃がお目見えすると、空を飛ぶアカトビはたちまち撃ち落とされる。その結果、やがて、ゴールデン・イーグルなど他の猛禽類と同様に、人間や家畜が住まない地域へと追いやられる。人口の密集した地域にこういう場所は少なく、二十世紀のはじめにはアカトビはウェールズの森林地帯に十つがいほどがいるだけになった。

残ったウェールズのトビは、ほどなく地元民から大いに愛されるようになり、おぞましい理屈（鳥が絶滅の危機に瀕すれば瀕するほど卵は珍重され高く売れる）で、商売をする卵の採集者たちの手からも手厚く保護された。ウェールズの国家主義者は、過去を取り立てて意識したわけではないが、大切にしなければならないウェールズのシンボルとして、この鳥をロマンティックに見ていた。アカトビはこの善意のおかげで、巣を作るためにショーツなどとんでもないものをくすねてくる変わった習慣さえ許された。しかし、ウェールズのトビのひなが成鳥まで育つ率は、がっかりするほど低く、数の増加はきわめて遅かった。

ところが、一九八九年に自然保護論者が、はるかに開けた田園地帯であるロンドン近郊のチルターン丘陵にアカトビを移入しはじめた。これは鉄砲こそ使わないが無鉄砲な暴挙だと思った人もいたが、結果はとび切りの大成功。トビは自分が常食とするネズミと同じように、ネズミ算式に繁殖した。科学者はあれこれ考え合わせて、チルターン式の生息地はトビにとってウェールズの森林地帯よりよかったのかと思うようになった。

イングランドにおけるトビの歴史は、鳥は人間が認める形に従って生きることを示している。わたしたちがトビは荒れ果てた寂しい場所の生き物だと決めれば、トビはそうなる。いささか考えさせられる結論かもしれないが、理想ではない場所（自然保護論者は「次善の生息地」と呼ぶ）に身を落とすことは、さもなければ絶滅となるよりはましなのだろう。

トビの話は、またしてもある種の鳥の適応力の強さを示している――たとえば、蝶の適応性よりははるかに大きい。蝶の保護論者は、蝶の完璧な生息地を作ってやることまでしているが、蝶の好みはあまりにも事細かで理解が難しく、そこまでしても必ずしも繁殖しない。鳥は正反対の可能性がある。人間は鳥の好む生息地を破壊したり、殺してそこから排除したりするが、多くの場合、鳥は完璧ではないが何とかなる別の場所を見つける。

巨大なバンに似た、ニュージーランド南島のノトルニスはこの適応性の典型である。水に近い密集した低地林にすむこの鳥は、生息に適した地域で見られなくなった後、一八九八年に絶滅が宣言された。ところが、一九四八年に、似ても似つかぬ場所――山の高いところにある牧草地で発見された。ノトルニスがかつて住んでいた場所よりも食料の栄養価がはるかに低かったので、この生息地は理想的ではなく、最低限食べるのに必死だった。しかし、それでも事足りた。ノトルニスもアカトビも、手に入る物を最大限に利用して生き延びた。

というわけで、アカトビが戻ったことに、どうか、祝杯を！——もちろん、物干し竿のショーツがなくなっていないかどうか、目を光らせることは、ゆめお忘れなく。（曽根悦子）

地に落ちた王者
イヌワシ
GOLDEN EAGLE

力強いワシは、旗や象徴などに威厳を添えるのに最適な鳥ということか、数多くの王国や帝国で広く使われ、はるか五千年前のシュメールの王宮でも入り口を優雅に飾っていた。頭が一つのワシは、ドイツ、オーストリア、エジプト、ナイジェリアなどの国章に使われている。双頭のワシとなると、単頭のワシよりもぐっと風格が加わり、ロシアや、その古くからの敵国セルビア、ビザンティン帝国などで象徴の役を果たしてきた。古代ローマでは、軍団のしるしであるワシ（の像）を失うことは、この上ない不名誉とされていた。一九五四年にローズマリ・サトクリフが書いた児童書『第九軍団のワシ』は、古典的名作となり、二〇一一年初めには映画にもなったが、そこには軍団の名誉を回復するためにワシを取り戻そうとする若者の冒険が描かれている。ワシの特徴を誰よりもうまく言い当てた詩人といえば、十四世紀のジェフリー・チョーサーである。「鋭い眼差しもて太陽をも射抜く皇帝の鷲」と詠んだのは、イヌワシのことだった。はるか上空で旋回するイヌワシ

に双眼鏡を向け、その憤然とした傲岸な表情を見れば、なるほどとうなずける。
古代のギリシア、ローマでは、攻撃開始のような重大な決定をするときに、鳥の動きに注目する習慣があり、ワシは特に位の高い鳥とされていた。鳥の飛び方や鳴き方で事の成否を占うことをauspiciumといったが、これはavis（鳥）とspicere（見る）からできている。また、「幸先がよい」という意味の英語auspiciousも、auspiciumに由来する。紀元前八世紀のホメロスの叙事詩『イリアス』では、ヘビを捕まえて飛び立ったワシがヘビにかまれ、トロイア軍の上にヘビを振り落とす。トロイア軍は、この凶兆を無視してギリシア軍と戦い大敗を喫した。
イヌワシは自然界においても鳥の王である。ほとんどあらゆる鳥を捕食する。さすがに仲間の猛禽類はめったにイヌワシに食われることはないが、時に自分の餌を横取りされて面目丸つぶれとなる。

しかし、近代に銃が登場すると、イヌワシはまさに地に落ちた。十九世紀末のイギリスでは、ワシなどの猛禽類が災難に巻きこまれる。狩猟好きの上流階級が、せっかくの獲物をこの鳥たちにむさぼり食われ、狩猟の楽しみが台無しになると文句をつけ、徹底的な排除に乗り出したのだ。猟場の番人はライチョウとキジを守るためと称して、猛禽類を片端からやっつけた。自然保護論者が声を上げはしたが、敵は強力、泣く子はともかく地頭には勝てない。

この論争に足を踏み入れたのが、第四代リルフォード卿トマス・ポウイス。ヴィクトリア時代にイギリス鳥学会の会長をつとめた人物である。

この人を、人畜無害、毒にも薬にもならない英国貴族と片づけるのは考えが浅い。本書の〈テレサユキスズメ〉（223頁）で登場するバードウォッチャー、リチャード・マイナーツハーゲンと同じハロー校出身で、境遇は似ているが、マイナーツハーゲンのような陰の面はなかった。

心優しい人間で、一八三三年から一八九六年までの生涯に、一度も人を傷つけたことはなかったのではと思われる。最後はイギリスの貴族病ともいえる痛風の発作に何度も襲われてすっかり衰弱し、貴族らしく物憂げにこの世に手を振って別れを告げた。

リルフォード卿にも人並みの不運はあった。ギリシアで撃ち落としてリルフォード・ウッドペッカーと名づけられた鳥は、じつは新種ではなく、すでにオオアカゲラとして知られていた鳥だった。また、ずっと晩年にリルフォードに敬意を表して *Grus lilfordi* という学名を付けられたツルも、結局は普通のクロヅル（*Grus grus*）の仲間ということになった。サルディーニャ王国を旅したときには、アイベックス（野性のヤギ）をしとめようと意気込んでいたのに、少し前にヴィットーリオ＝エマヌエーレ国王が、国王以外はアイベックスを獲ってはならないことにしたと知らされる。そこでしかたなくカモシカ一頭をしとめたが、ノーサンプトンシャーのリルフォード・ホール（相続した豪邸）では、セーム革が足りなくて困ることはなかっただろう。リルフォード・ホールに隠居してから、巨大な鳥類舎を建てさせている。

珍しい生物を手に入れて飼いたいという情熱は、ハロー校在学中に芽生えたもので、オックスフォードのクライストチャーチ・カレッジに進学したころにはさらにふくらみ、リルフォード・ホールでみごとに花開いた。飼育された鳥には、ピレネー山脈に生息するヒゲワシという小型のハゲワシや、小さなミフウズラなどがいた。ミフウズラは臆病で隠れ家から出ない鳥なので、おそらくリルフォード・ホールのマホガニーの食卓の下にでも隠れていたのではあるまいか。真夜中に大きな鳴き声を響かせて、泊り客を怖がらせたという。

リルフォード卿は、エクセントリックなところもあったが、イギリスの鳥類学の静かな革命家だった。猛禽類を撃つのではなく保護すべきだという世論を導き出した有力者のひとりでもある。

三巻からなる大作『イギリスの鳥』は、リルフォード卿の死後、一八九七年に完成した。

同書にはヴィクトリア時代の鳥類学の特徴が見られる。鳥たちは、広い図書室でカメラに向かってポーズをとるリルフォード卿にならったかのように、まるで貴族のように落ち着き払った姿で紹介されている。たとえば、オオヨシキリなど、「ギョシギョシ」と、こするような笑うような、変な声で鳴く鳥で、本来は湿地に身を隠していることが多いが、葦床のてっぺんで「気をつけ」の姿勢をとっている。まるでノーサンプトンシャー在郷軍の閲兵を受けているおもむきである。そういえばリルフォード卿もクリミア戦争の勃発時には、短期間在郷軍に参加していた。

読んでみれば、まことに画期的な本だったことがわかる。第一巻のほとんどは猛禽類にあてられ、これらの鳥を殺したがる人間がいかに横暴であるか、辛らつな批判がちりばめられている。たとえば、「ケアシノスリは一般にヨーロッパ大陸北部で繁殖し、イギリスへも秋に飛来することが少なくないが、姿を見られればたちどころに殺されてしまう」とか、オジロワシは、間もなくイギリスで絶滅してその後数十年たって再移入されることになるのだが、「このすばらしい鳥が虐待されたり、絶滅したりする原因になるつもりは微塵もないので、わが国での営巣地について、わたしが知っていることをわずかでも本書で披瀝するのは差し控えたい」と書かれている。こうして静かな反乱を起こしていた人物だった。

ところで男爵の業績は、と問いかける向きもあるだろう。成果の一つとして、イギリス人エリートたちの活動する舞台裏で、縁の下の力持ちとして働いたことがあげられる。たとえば、貴族院議員の力を利用して、初めてフクロウを法的に保護している。しかし、同じぐらい重要な功績は、貴族階級の狩猟の慣習を捨て、鳥は撃つよりも観察するものだと人びとの意識を転換させたことだろう。こうした偉業を成し遂げたわりには、鳥に名前を永遠に残すという試みが二つともみごとに失敗したのは残念というしかない。いや、そうでもないかも——少なくとも、ランカシャーにはリルフォード家に敬意を表して「ロード・リルフォード」と名乗るパブが一軒ある。イングランドで名前を記憶にとどめてもらうには、このほうがずっと確実だろう。

（殿村直子）

鳥を味方に

チョウゲンボウ

KESTREL

多くの戦士はなぜ鳥の羽根でわが身をきらびやかに飾りたてるのだろう。理由は明らか。派手な装いに鳥の羽根を使えば、体が大きく見えるからである。マサイ族は何はともあれのっぽ揃いだが、顔のまわりにぐるっとダチョウの羽根の輪飾りをかければ、それこそ輪をかけて背高に見えるだろう。相手はちぢみあがる。バッキンガム宮殿の衛兵がかぶっている熊皮の帽子も、中国の絵にある後漢の武将呂布の兜も理くつは同じだ。呂布の兜からつき出た二本のキジの羽根は頭上で大きく弧を描いているから、見かけの身丈は優に三十センチは伸びる。

鳥を捕まえるのはかなりの難事だから、昔からなりにこだわる戦士は、その羽を好んで身に着けたものだった。たとえばワシを獲るには大変な熟練を必要とする。したがってワシの羽根を飾っているのは狩猟の力量を示す証拠――いや、へそ曲がりに言わせれば首領の裁量を示す象徴だったかもしれない。頭抜けてたくさんワシの羽根を頭に着けているアメリカ先住民の族長は、実際にワシを獲るやっかいな仕事は、わしは知らんとばかり若手の戦士にやらせたにちがいない。

鳥が神に結びついていることも戦士たちには好ましい。ボブ・ディランが歌っているように「神様を味方に」つけて戦えば、道徳的にも正しいと認められるだろうし、神様が超自然的な力を与えて下さるだろうし、相手より有利なことはまちがいない。鳥は飛ぶことができるから、天上界に達する能力については、大地を地盤にする動物よりもはるかにすぐれていると見られる。昔のヨーロッパの宗教画には、キリスト教の聖人にならんで、空を飛ぶワシの姿がしばしば描かれている。もっと上を行って鳥を神そのものとして扱う文化もある。アラスカのトリンギット部族にとって、ワタリガラスは昔から最高神だったし、古代エジプトの神ホルスは、頭は猛禽、体は人間、という姿に描かれていた。

しかし、鳥と戦争との関係は、ただ戦士が鳥の羽根を身につけるという域にとどまらない。戦争のとき鳥はしばしば祈願の対象にされ、それもチョウゲンボウなどハヤブサの仲間にまさるものはない。

チョウゲンボウはどちらかといえば、華奢できりっとした猛禽類である。雄は頭が青灰色、下向きに黒みがかったヒゲが生えているように見える。ハヤブサの仲間はみなそうだが、先端の鋭いその翼はスピードが出るようにできている。かつてイギリスではごくありふれた猛禽だったが、最近数が減っているのは、餌にしているハタネズミの減少がからんでいるらしい。しかしチョウゲンボウには独特の習性があり、そのため人間は親近感を抱く――

妙なことに高速道路が好きなのだ。だから自然を愛する子どもたちが車に閉じこめられたときの退屈しのぎに、手ならぬ爪を貸してくれる。子どもたちは獲物を探して地面を飛びまわるチョウゲンボウを、目を皿のようにして見張る訓練ができる。チョウゲンボウが高速道路の脇にある草地がなぜそんなに好きなのか。ナチュラリストにもよくわからない。一説によれば、耕作地とちがい殺虫剤を撒いていないので、エサになる虫がたくさん隠れているから。また別の説では、車の振動で鳥のおやつになるミミズが地表にぞろぞろ出てくるからだという。

しかし、あっと驚くチョウゲンボウの空中芸は、ホバリングの超能力である。エサを探す間、強力な翼を懸命に羽ばたいて空中の同じ位置に留まっている。イギリスにはほかにもこの芸当をする鳥はいるが、チョウゲンボウほど長時間つづけることはできない。乗用車がM1号線を猛スピードで走り去るその後に、チョウゲンボウが狂ったように羽を動かしながら不思議にもじっと宙に止まっているのをよく見かける。ロッキード・マーチン社は二〇〇五年に新型ヘリを設計したとき、チョウゲンボウに敬意を表して、「ケストレル」(チョウゲンボウの英名)というぴったりの名前をつけた。

戦士たちの間で、チョウゲンボウなどハヤブサ類の魅力は近代に入っても生きつづける。アンドルー・マーヴェルは十七世紀、オリヴァー・クロムウエルがアイルランドでの戦いから凱旋したときに、ハヤブサを引合いに出してその勝利を祝福した。

高き空より、勢い猛に降るとき
殺戮を終えしハヤブサは、
更に求めることなく
隣りする緑の枝に休らう

二世紀半後、ハヤブサはジュリアン・グレンフェルの雄渾な詩に再び登場する。グレンフェルは第一次大戦の詩人の中でも、珍しく戦争の不毛を非難しなかったために論議を呼んだ人物で、小数ながらすぐれた彼の詩がすっかり忘れ去られているのもそのせいだろう。一九一四年故郷への便りに戦争を「大ピクニックのようだ」と書いてはいるものの、永らえれば高名な仲間のジークフリート・サスーンやウィルフレッド・オウェンと同様、戦争にさぞ幻滅したにちがいない。しかしこの才気あふれる若者はそれから一年足らずのうちに二十七歳という若さで砲弾のためにあえなく戦死してしまった。運命は彼に異なる選択をさせる余地を与えてくれなかった。

「いざ戦いへ」、グレンフェルのこの名作は、塹壕を越えて最後の攻勢に出る前夜の戦士の高揚感、まさに自分の命を救うことになるかもしれない五感の極度の高ぶりを目のあたりに呼び起こす。その様を描く最善の手立てとして、グレンフェルは鳥に拠りどころを求め、あたかも戦士を助けに飛んできてくれるかのように、声をかける。

〝昼、宙にとどまるチョウゲンボウ、
そして夜鳴くフクロウよ、
兵士に命じておくれ、
自分たちのように、速くそして鋭くあれ
耳は鋭く、眼は敏《さと》くあれと〟

時代を遙かに隔てながら、同じように鳥を象徴にしたこの二つの詩を読むと、自然愛好者が鳥に魅せられるのは、ただ羽根が美しいからだけではなく、人間にはまねのできない、すばらしい力を持っているからではないかと思われてくる。

貴族気質の詩人の詩で象徴として歌われてから五十三年後、チョウゲンボウは、ハリー・ハインズの一九六八年の小説『ケス――鷹と少年』の中で、労働者階級の少年が、日々の虐待から逃走する手だてとなった。この小説は後にケン・ローチ監督によって『ケス』に映画化される。しかし、そこでは主役のチョウゲンボウが死ぬことになる。それまでチョウゲンボウを調教してきたビリーの、意地悪の兄が腹いせに殺すのだ。人生の苛酷さは階級に関係がない、わたしたちがその苛酷さを乗り越えるときに、心休まるよすがとなるものもまた然りである。

（西谷 清）

ハイタカ

SPARROWHAWK

夫婦相和しネコと張り合い

ハイタカは、鶏の目鷹の目（ハイタカの目？）で見れば、イギリスの庭ではほかの猛禽よりよく目にする鳥だが、幸せな結婚生活を送るのに有用な秘訣をうかがわせてくれる。この翼の先が丸く縞目が粋でえらく機敏な猛禽の雌は、雄より優に二割方大きい。

雄にとって、自分より大きい雌がなぜ結婚相手としてありがたいのか？　これでは先が思いやられるではないか？　いやいや、そのおかげで雄は雌の餌とはちがうもっと小さな餌をつかまえられる。雄はズアオアトリ、シジュウカラみたいな小型の鳥でも満足だし、母鳥がそれをひなに与えるということになれば、骨身惜しまず忠実に頭をちょん切り、羽をむしってまでして渡してやる。他方雌はもっと大物ねらいで、ムクドリやクロウタドリ、さらにはモリバトさえ追いかける。こうしてハイタカのつがいは同時に二つの生態学的ニッチを占めることにより、摂食のチャンスを二倍にできる。獲物は鳥の大きさと力によって必然的に決まるので、雌が雄より大きいという現象はとりわけ猛禽類によく見られ、童謡の『ジャック・スプラットと奥さん』を彷彿とさせる。ついでながらジャック・スプラット（Jack Sprat）は、小柄な男性に対する古いあだ名で、Jackには昔「小さい」という意味があった。だからたとえばイギリスの渉禽の一種 Jack Snipe（コシギ）は、もっと分布の広いSnipe（タシギ）よりずっと小さい。

こんなふうに労働を分担すれば、イギリスの庭で見られる鳥を事実上すべてと言ってもいいくらい捕らえることができるのだから、ガーデンライフはハイタカにとってまさに理想的なものとなる。ハイタカが腕利きの殺し屋であることはまちがいない。それで昔の銃は、雄の古い呼び名にちなんでマスケットと名づけられた。しかし申し分なく明るいその状況にも何やら暗い影を落とすもの——しなやかに身をくねらせる飼い猫である。

ネコは庭でおびただしい量の鳥を殺す。ネコが並外れて殺しに長けているからではなく、その数が余りに多いからである。イギリスではおよそ八百万匹もいると推定されているが、それがどれくらいの数の鳥をつかまえるのか、正確にはわからない。ところがアメリカのウィスコンシン州では、生態学教授スタンリー・テンプルがその問題を果敢に調査し、毎年二百万匹のネコによって二億羽に上る鳥が殺されていると推定したために、愛猫家から「死ね」と脅迫される羽目になった。逆にその調査結果から、これでネコも寝込んでくれればと論じる愛鳥家もいる。

しかしネコが大量に小鳥を殺すからといって、それがネコに殺される小さな鳥の数に影響を与えるだろうか？　ばかげた質問に思われるかもしれないが、少なくとも長期的に見れば、答えははっきりわからない。小鳥は毎年多くのひなを孵す。そのひなの多くは死んでしまうが、それでも次世代を産むにはじゅうぶんな数が生き残る。長期にわたる種の生存に影響を与えるものとしては、たとえばその生息地の減少のようなはるかに危険な現象があるが、飼い猫のようにそこそこではあっても一〇〇パーセント有能とはいえない襲撃者による減少は、おそらくほとんど問題にはならないだろう。飛べない鳥のいる島に連れてこられたネコのティブルズが、まったく無防備なその鳥を全滅させたことはよく知られているが、ここで話題にしているのは、飛べない鳥ではない。[†]

　それよりもっと現実に起こりそうな問題は、ネコがあまりたくさん小鳥をとるために、ハイタカのようなほかの捕食者が餌にありつけなくなることだろう。庭でうかうかと危険に身をさらしている鳥のひなをハイタカが狙っているのを見かけるかもしれないが、それは実はネコと張り合っているのである。だからイギリスのネコが八百万匹以下になれば、ハイタカも現在推定されている四万つがいよりは増えるだろう。

　アメリカの愛鳥団体が提唱しているひとつの解決策は、ネコを外に出さないようにして、その行動に歯止めをかけることである。ところが驚いたことに、イギリスの社会ではネコは特別扱いされていて、環境保護団体もネコの社会生活を制限するような呼びかけには遠慮がちに見える。それに多くの飼い主は冬には庭に鳥の餌台を置いて、ティブルズが鳥を絶滅させた埋め合わせをしていると反論したりもする。こういった餌やりはイギリスではとりわけ盛んで、かつて『デイリー・スター』紙は、でかでかと「シジュウカラにラードを」という見出しを掲げて、冬に広く見られるこの習慣を奨励したことがある。
ハイタカは、この世でネコとの競争に耐えねばならないとしても、ギリシア神話の世界ではずっと幸運に恵まれているので、それが慰めにもなろうか。「捕らえる」という意味のラテン語にちなみ、*Accipiter*《アッキピテル》という属名をつけられているが、種名の *nisus*《ニースス》はいっそう興味深い。古代ギリシアの都市国家メガラの王ニーソスは、娘のスキュラに裏切られた後、猛禽と化す。スキュラがどうなったかって？　ヒバリになり、父を恐れて永遠に飛びまわる運命となった。永遠に続く復讐こそ復讐の最たるものである。

† ニュージーランドのスティーヴンズ島に灯台が稼動しはじめた一八九四年、灯台守の飼い猫ティブルズに捕らえられて、スティーヴンイワサザイが絶滅した。

（栗山節子）

女神のお供
コキンメフクロウ
LITTLE OWL

コキンメフクロウは、ハリウッド映画で主な脇役を演じた鳥の中で、種名を判定できる数少ないものの一つである。

その幸運の始まりは？　いや、もっと輝かしい栄誉の源はといえば、ギリシアの知恵の女神アテーネ（一九八一年映画『タイタンの戦い』に登場）のシンボルだったこと。そのため、*Athene*《アテーネ》 *noctua*《ノクトゥア》——夜のアテーネ——というラテン語の学名がついている。

この体長二二センチメートルの矛盾をはらんだ（癇癪を起した二歳児みたいに、かわいいと同時に、獰猛な顔つきをした）鳥は、神話ではいつもアテーネのお供をしている。この女神のシンボルとして、二千五百年ほど前に鋳造された硬貨に刻まれており、またアクアエ・ソリス（サマセット州バースの昔の名）で発掘されたローマ時代の遺跡にある浴場のモザイク画にも描かれている。

映画に登場するロボットのフクロウは——冒険の旅に出るペルセウスにアテーネが道連

れとして授けるものだが――スターが他人の映画にちょい役で出ていい味を出すように、二〇一〇年のリメイク版では印象的な端役として登場し、その名声を高めた。ところで、あれは本当にコキンメフクロウなのだろうか。本物は、胸のあたりが明るい色と暗い色のキャンディーが混ざったようにまだらになっていて、全体としてはチョコレート色のかわいらしい生き物である。映画に出てくるフクロウはもう少し明るい色で、「ブーボウ」という名前がついている。これは、おそらく、ハリウッド用に話が作り替えられる奇妙な例の最たるものと言えよう。「ブーボウ」とは、いい具合にかわいく頭韻を踏んでいて、しかも大型のアメリカ種アメリカワシミミズクを含むフクロウの科名でもある。これで名前の由来は説明がつくものの、純粋主義者はショックを受けるにちがいない。なにしろ、アメリカワシミミズクは、体重がアテーネのかわいいお供の十倍以上ある。ペルセウスはそんなものと言い争うなんてことはやめたほうがいい。

コキンメフクロウがイギリスに生息するようになったことにも、同様に人為的なものが加わっている。最初は失敗もあるにはあったが、この国に意図的に移入され繁殖に成功した一握りの鳥の中の一種である（移入の善悪については、〈アカオタテガモ〉（111頁）を参照のこと）。しかも、移入された鳥の中でも、田舎の地味な色調にすっかり溶けこんで、まさにイギリス的に見えるようになった数少ない鳥の一つとも言える（たとえば、キジとは異なる）。ヴィクトリア朝時代に、変人で名を馳せたヨークシャー州の地主チャールズ・ウォータートンを嚆矢とするさまざまな試みを経て、一九二〇年代にはもうしっかりと定着して

いた。

それにしても、コキンメフクロウをイングランドに定着させることに、なぜこれほど執着したのだろう。古代ギリシア人こそ文明の頂点を極めたと多くの教養人がまだ考えていた時代のことで、この鳥がアテーネと関連があることがその理由かもしれない。二十世紀初頭の建築物にも古代ギリシア風の柱が見受けられるが、言うならばその鳥類版である。

そもそもなぜ、コキンメフクロウはアテーネや知恵と結びつけられるのかとおっしゃる向きもあるだろう。ひょっとして、あの大きくてまるい頭のせいかもしれない。妙に人間に似ていて、特にそう感じられるのは同じ方向をじいっと見つめる二つの目である。

ところが、鳥の基準からすると、この鳥はとりわけ賢いわけではない。地面からミミズを引っ張り出そうとして、後ろへひっくり返ったという話さえある。ただ、こんなずっこけぶりを暴露したからには、埋め合わせに、賢い習慣も披露しておくべきだろう。コキンメフクロウは甲虫を枝に突き刺して蓄えておく。食料が乏しい日のための備えか、あるいは人間が魚や肉を乾燥させるように、干物が好きだから、ということもあり得なくはない。

コキンメフクロウは知恵と結びつけられるが、それに劣らず、イギリスには昔からフクロウに対する暗い見方が根強く残っている。こういった夜行性の鳥は、よくて「孤独」、悪くすると「死」の象徴だといわれる。トマス・グレイは『田舎の教会墓地にて書かれた挽歌』（一七五一年）の悲しげな雰囲気を、その冒頭で「ふさぎ込むフクロウは月に向かって嘆きかける」といち早く描き出しており、また同時代の人もこの象徴的で簡潔な言いまわしを聴くだけで事足り、それ以上の情景設定をしてもらう必要はなかった（ただし、コキンメフクロウはフクロウの中でも比較的珍しく、時々、昼間獲物を追っている姿が見受けられる）。

フクロウを疑惑の目で見ているのは、なにもイギリス人だけではない。たとえば、シチリアには、コノハズク（小さくてコキンメフクロウのように獰猛な顔つきをしているが、耳が突き出ている）が病人のいる家にやってくると、その病人は三日後に死ぬという言い伝えがある。

フクロウのあの世から聞こえてくるような鳴き声は、そのイメージアップの助けになるどころではない。ululate（嘆き悲しむ、声をあげて泣く）という動詞は、古代ローマのフクロウを表わす言葉 Ulula《ウルラ》からきている。ローマ古典文学から引用してもいいが、イギリスの傑作コメディー映画『クレオとの情事』（一九六四年）からのほうがおもしろいだろう。カエサル役のケネス・ウィリアムズが、今にもこの世からあの世に行く死にかけの人のふりをして、譫言のように「ああ、フクロウがぎゃーぎゃー鳴いている」と言う。死にかけていると誰もが思いちがいをしている滑稽な場面である。実際に聞こえるのは、ジョーン・シムズ扮する意地悪妻カルプルニアの金切り声だけ。映画の中では、妻の尻にしかれているカエサルがこれを承知の上で、カルプルニアを馬鹿にして一矢報いようとフクロウを利用したのだった。この冗談が受けるのは、パインウッド・スタジオの脚本家が、二千年にわたるフクロウという含蓄に富んだ象徴を巧みに使いこなせたからだ。

（徳植康子）

シロフクロウ

SNOWY OWL

画にかいた鳥

ロンドンのナショナル・ギャラリーを見てまわると、愛鳥家はみな気が滅入る。

十六世紀から十八世紀初めにかけて巨匠が描いた鳥は、だいたいがあまりにもいいかげんで、何の鳥だかわからない。ルネサンス絵画の背景に描かれたおかしな白い鳥は、ハトにも見えればサギにも見える。ハトは脚と嘴が短く陸上に住み、サギはこの三点すべて反対なのだから、これがとんでもない代物であることは明らかだ。とりわけびっくりする絵を一つ選ぶとすれば、十七世紀のオランダの画家メルヒオール・ドンデクーテルの作品で、これはどんなに不名誉な批判をされてもそれだけのことはあるだろう。びっくりするような絵を挙げたい。一六六八年作の「草や茸にたちまじる鳥、蝶、蛙」だが、手前の鳥は、キツツキかフィンチか、はたまたフクロウか？　なんとそれらすべての特徴を兼ねそなえている。たった一羽の鳥の姿に、まるっきりちがう何種類もの鳥の特徴を詰め込むその手腕たるや、あきれるばかり。

いくつかの作品の鳥はよく描けているが、あいにくみな死骸――食料貯蔵室に吊るされているキジなどの猟鳥――である。いきいきと息づいている鳥の様子をそっくりとらえる力がなかったのだ。この弱点を認めて、鳥をまったく描かない画家もいた。十七世紀フランスの有名な巨匠クロード・ロランは広大な風景の絵を得意としていたが、その作品の空や湖に鳥がいるかどうか、どうかみなさん探してみて下さい。いないという事実が、何より多くを語っています。

しかし一八〇〇年代の初頭、情況は突如変わる。生きている鳥を本物そっくりに描く少数の画家が現われて、鳥の絵は新たな時代を迎えた。そのひとりはエドワード・リアだが、運命のいたずらで鳥の絵ではなく、タイトルに鳥が登場する子ども向けの詩「ふくろうとねこ」でよく知られている。まだ若いうちに鳥を描くのをやめてしまったことは、残念きわまりない。その作品は、それまでのどの鳥の絵よりすぐれていた。鳥類事業家（画家で鳥類学者）ジョン・グールドの『ヨーロッパ鳥類図譜』のために描かれたシロフクロウのつがいの絵は、出色のでき映えである。羽毛の細部まで徹底的に正確に捉えられているだけでなく、野生のシロフクロウの片時も油断しない性質が如実に表わされている。これを絵画で表現するのは容易ならぬことなのだ。この大きな白い鳥は、まず遠目には、ヒツジか岩、あるいはビニールの大きな白いフクロのように見えるだろう。誰かピクニックにきた人がうっかり置き忘れたビニール袋が、人里離れた荒野の只中に吹き飛ばされていることが間々ある。けれども双眼鏡を向けて見ると、シロフクロウはどんなにくつろいでいるようでも、絶えず警戒おさおさ怠りないことがわかる。まさにそのとおりのリアルなものがリアの絵には描かれている。

リアは、多くの点で途方もない才能に恵まれながらも人生を棒に振るという、おなじみのタイプである。おとなとうまくつきあえなかったので、しょっちゅう仲間と悶着を起こしていた。仏頂面をしたりされたりの長い人生に出会った敵のリストには、ジョン・グールドも含まれている。公正を期するならば、グールド自身も、クリスマスのクラッカーを友人と引っ張りあったあと、中身を独り占めせずにはいられないようなたぐいの人間で、すぐに人と仲たがいするところがあった（ハチドリ好きのこの一分《ぶ》の隙もないやり手については〈マメハチドリ〉（３４９頁）を参照のこと）。結局リアは忠実な板前ギオルギスとイタリアに終生逃げ出すことになる（ギオルギスはどこからどう見ても、よき料理人というより、よき友人だった）。しかしリアは、おとなとつき合うことができなかったにもかかわらず、というよりたぶんそれゆえに、子どもと鳥の本質を知り抜いていた。子どもたちが何をおもしろがるかを見抜くはかりしれない能力を備え、また鳥がどう動き、どう周囲に反応するかを理解する同じく不可思議な才能にも恵まれていた。

それにしてもリア以前の鳥の絵は（そして公平に言えば、リア以後のかなり多くの絵も）、なぜかくもできが悪いのだろうか？　もっとも明白な理由は、ふつう剥製を手本に描かれたからである。多くの作品に生彩がないのも不思議ではない。色彩は本物そっくりのこともあるが——描いている鳥が飛んで逃げられないなら当然の話——その動きは博物館の剥製からは捉えることができない。ありふれた籠の鳥ゴールドフィンチの昔の絵が例外的にしばしばよく描けているのも、たぶんこれで説明がつくだろう。

昔の鳥の絵に見られるよくあるもうひとつの欠点は、鳥にかしこまったポーズをとらせる傾向である。多くの鳥はまっすぐ突っ立っていて、まるで肖像画を描くためにきちんと座らされた子どものよう。これはある程度は、死んだ鳥を剥製にするときによく使われる姿勢を反映している。応接間に飾られるガンの剥製は、首を下げて草をついばむような、自然だがぱっとしない振る舞いをしているよりも、「気をつけ」をしているほうが見映えがするということだ。

しかし不出来な絵の鳥がしぶとく生き残っているのには、驚くほかない。今もって晩餐会のテーブル・マットには、堂々たる猟鳥や鳴鳥の昔の絵の複製がつきものである。たぶん、こういったいかにも貴族的な自信にみちたつくりもののほうが、そわそわした本来の姿よりも好まれるからだろう。ふつう鳥は餌をつつきながらも、敵を警戒してきょろきょろあたりを見まわしているものである。

あたう限り生きている鳥を描いたリアは、その名を別の思いがけないものにとどめている。リアがオウム科の絵を描いた本には、Hyacinth Macaw（スミレコンゴウインコ）と言われたものが含まれていた。しかしこの偉大な画家によって驚くほど正確に描かれたスミレコンゴウインコは、今になって別の種であることがわかったので、画家に敬意を表してLear's Macaw（コスミレコンゴウインコ）と呼ばれている。正確な鳥の絵を描くことによって——それがシロフクロウのような見まちがえようのない鳥だろうと、似たものが多くてはなはだ見分けのつきにくいインコだろうと——画家は不朽の名声を得る。このことは美術学校では教えてくれない。

（栗山節子）

うそかまことか猛禽詣で

オオワシ

STELLER'S SEA EAGLE

オオワシ――オレンジ色の巨大な嘴を持った大型猛禽――は、ヘンテコリン度世界最高の観光名物のひとつになっている。これと肩を並べるのは、数学的天才が設計したデヴォン州エクスマスの十六角形の家、詩情あふれるハワイのハロナ潮吹き岩、それにオーストラリア、ヴィクトリア州ウォドンガのレストランの上に掲げられた世界最大の正真正銘の麺棒ぐらいか。

野生のワシを見るのにいちばん簡単な方法は――眉に唾をつけたければどうぞだが、ほんとうの話、これがいちばん簡単――北海道は羅臼の漁港で厳冬の真夜中に船に乗ること。そのあと一時間半ほど小さな船の中でストーヴを囲んでいればいい。外はへたをすると零下三十度にも下がるから、できるだけ中にいるように。船は三角波をかきわけて、やがて日本とシベリアの間の流氷海域に到達する。（もうひとつ忠告。どんなことがあっても、二重にはめた特注の極寒用手袋を一つでもはずすべからず。）すると男が物も言わずに、無理もないがわずかに顔をしかめながら妙なものを取り出し、氷の上にまきはじめる。脂っこい魚をすりつぶした撒き餌で、英語ではchumというが、chumには「仲良し」という意味もあるので、およそ場ちがいな楽しげな感じがする。

この時点でオオワシの大群が現われる。一度に何十羽もくるから、猛禽にしてはめったに見られない大群である。ワシは満足そうにチャムをムシャムシャやりまくり、観光客は写真をパシャパシャ撮りまくる。それから船は羅臼港への帰途につき、客が船を下りれば、刺身とむっちりしたカニの白子――地元の珍味――という心のこもった朝食が待っている。あれやこれやですばらしい朝になる。

このオオワシ詣では近年、冒険好きな旅行者に人気のオプションとなり、バードウォッチャーのみならず、エクストリーム・ツアーとも呼ばれるものの熱烈な愛好家にも格別に好まれている。参加者はたいていふたつの特徴を兼ね備えている。豊かな国からきたバードウォッチャーで、日々の仕事の中で本物の冒険も肉体的な耐久力を試す機会も奪われている。そこでそれを国の外に求めるのである。もっと一般的にいえば、このちょっとした苦労は国外野鳥観察の魅力のひとつで、危険と隣り合わせのそのぞくぞくするような感覚は、自国の地方の自然保護区を訪れ、帰りに土産物店に寄るというのんきなレジャー活動ではとうてい味わえない。

まさに野生そのもののような鳥が、人間との交流でずいぶん恩恵を受けているように見えるのは、なんとも皮肉な話である。羅臼を出航する漁船団は大漁で、ワシは船団を追ってそのおこぼれにあずかる。さらに観光船からは「仲良し」の「撒き餌」というちょっとしたおまけももらえる。その結果、この鳥の全世界での生息数はおよそ六千羽に増えた。その約三分の一がシベリアで繁殖した後、日本で越冬する。オオワシは世界最大ではないが、重さは最高。こんなに魚を飲みこんでいるのだから、驚くこともなかろう。

観光の客寄せとしての現代の姿はさておき、オオワシは、一八一一年に初めてこの鳥について科学的に正確な記述をしたドイツの博物学者にちなみ、Steller's Sea Eagle（シュテラーの海鷲）と名づけられたが、おそらくそれよりはるか昔から人間のイマジネーションをかき立ててきた。アラビアの伝説に登場するロックが生まれるもとになったものの最有力候補のひとつでもある。ロックとは怪力の猛禽で、ゾウをさらって食べてしまうという。千夜一夜物語の中ではシンドバッドの船をぶっこわしたと考えられている。白く描かれることが多く――ひょっとしてオオワシの翼の大きな白い雨覆に関係があるのかも――巨大な鉤状の嘴を持つが、これもオオワシを思わせる。

ロックのみなもととしてほかに考えられるライバルには、ニュージーランドのおそろしく大きなハルパゴルニスワシがいる。現存するどの猛禽よりも大きかったが、おもな餌にしていた巨大な無翼のモアが死に絶えたあと、その桁はずれの食欲を満たすに足る大型の餌がなくて、一四〇〇年頃に絶滅してしまった。

しかしわたしの気に入りの仮説は、ロックの着想のもとはダチョウだというもので、その理由は思いついた人の類まれなる創意をうかがわせることにある。ロック伝説の重要な特徴は卵、ひいてはひなが並はずれて大きいということで、確かにシンドバッドの船は、船乗りたちがほかならぬこの超ビッグ・マック・サイズの卵を一つ頂戴したために襲われたのだった。ロックの話を語った船乗りはダチョウにめんくらいでもしたのではなかろうか？　ダチョウは現存する世界最大の鳥にはちがいないが、飛べないのと綿毛のような羽のせいで、巨大なひよこのようにも見える。この赤ん坊を護る気性の激しいおっかさんなら、なるほどとてつもない大きさになりそうだ。

オオワシの対極にあるものは何か？　といえばたぶんケープペンギンで、これまた一九八〇年代以降、最近の旅行者の呼び物となり、ケープタウン近くのボルダーズ・ビーチで観光客と共存している。アイスクリームを舐めながら散歩して、ペンギンから一メートル足らずのところまで近寄ることができるし、ものを食べるために二重にはめた手袋をはずす必要もない。しかし多くのバードウォッチャーは、人跡まれな、まさにシェリーが歌った「ものみな荒涼として人気《ひとけ》なき場所」へといざなわれるからこそ、バードウォッチングを愛するのだ。このペンギン・ウォッチングのどこがおもしろい？

（栗山節子）

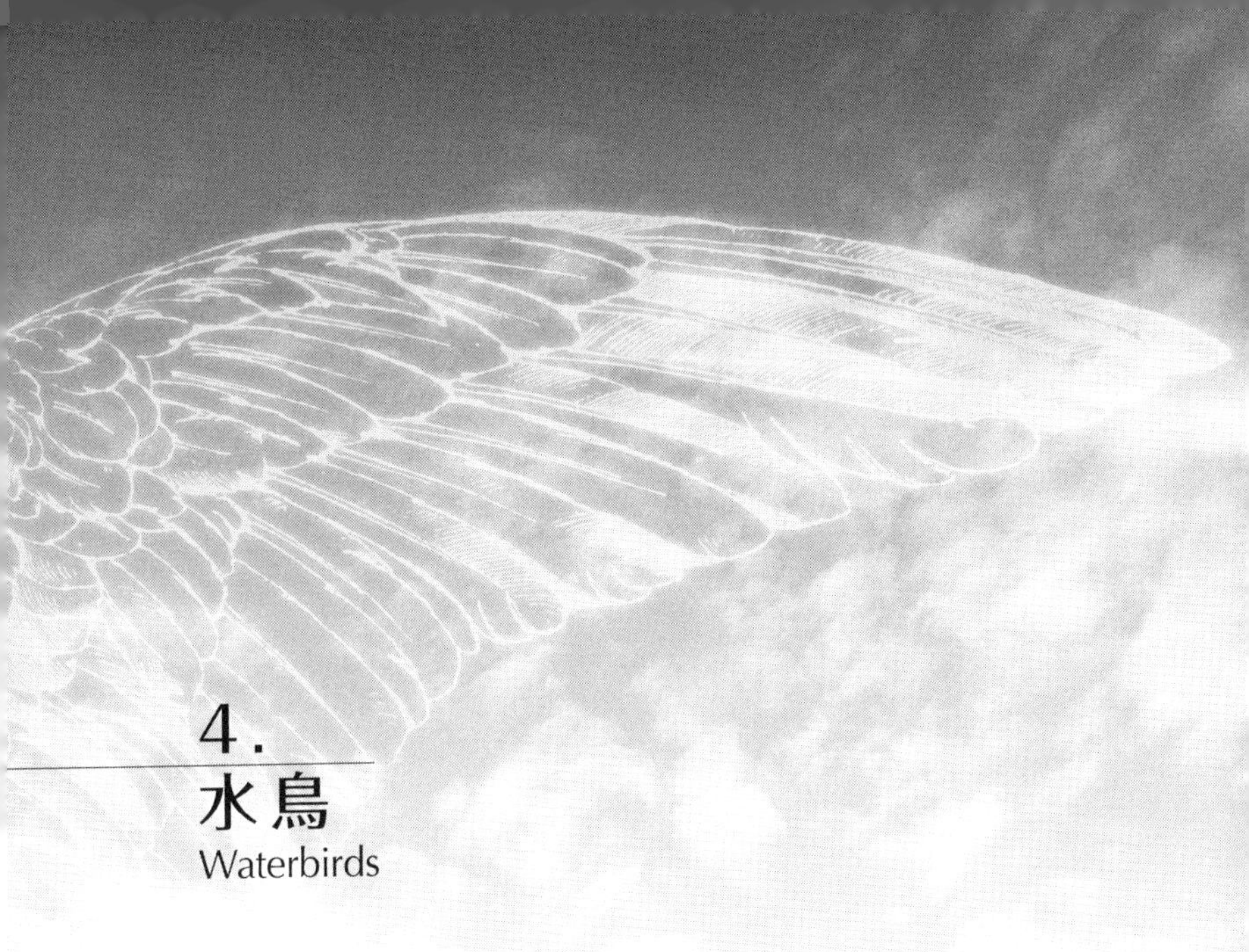

4.
水鳥
Waterbirds

ボンドゆかりの鳥

ホオジロガモ

GOLDENEYE

わたしたちを魅惑するボンド映画の一作（英名『ゴールデンアイ』。ホオジロガモをも意味する）は、このずんぐりむっくりのカモに由来しているのだろうか？

映画の中でゴールデンアイの果たした役割は、タキシードに身をつつんだ国際スパイの間でも、また、防寒ジャンパーをはおったバードウォッチャーの間でも大きな議論の的になっている。その映画が、イアン・フレミングの所有するジャマイカの別荘の名にちなんで名づけられたことは大方の知るところである。彼は有名な銀行家一族のやっかい者だったが、ボンド小説を書いて大成功をおさめ、世にもめずらしいやりかたで名誉を挽回した。ところで、彼は自分の別荘をなぜ「ゴールデンアイ」という名にしたのだろう。この妙に頭でっかちのカモの名にちなんで名づけたのだろうか？　雄は緑色、雌は茶褐色の大きな頭で、頭頂部はこぶができているかのように盛り上がっている、まるで、とりわけお好みの、人工の巣箱に思いっきり頭をぶつけたかとも思われそう。

フレミング自身、命名の理由をいろいろ挙げている。実生活で「ゴールデンアイ作戦」に諜報員として関わっていたこともそのひとつ。それは、第二次世界大戦中、スペインが敵の枢軸国に加わった場合にはジブラルタルを防衛するという計画だった。しかしまた、フレミングはバードウォッチャーでもあった。確かにこのことも命名に何か役目を果たしたにちがいない。

さらに爆弾でも落ちたような騒ぎを巻きおこしたのは、ジェイムズ・ボンドという名が、男性の趣味としてはもっともいかさないバードウォッチングの専門家の名前にちなんでつけられたことである。元祖のジェイムズ・ボンドは本職の鳥類学者で、『西インド諸島の鳥類』の著者なのだ。フレミングはその大冊を自分の別荘（ゴールデンアイ）に所蔵していた。その名を選んだ理由を説明して、「簡単で、おもしろくもなく、聞いてわかりやすい名前にしたかった」、と語っている。ボンド映画のロジャー・ムーア版で、ボンドの上司であるＭ（エム）が蝶の標本を調べているのを見て、ボンドがその名前をあてる興味深い場面があるが、その場面が妙に納得できるような気がふとしてくる。わたしは子どものころ、「蝶のことがどうしてボンドにわかるのだろう」、と不思議に思ったものだ。現実とフィクションの結合は、ついに、二〇〇二年のボンド映画『ダイ・アナザー・デイ』（Die Another Day）の中で達成される。ハバナが舞台のある場面で、映画の中のジェイムズ・ボンドが、現実のジェイムズ・ボンドの著した『西インド諸島の鳥類』を読んでいる。言うまでもなく、それはスパイとして成功するための必読書なのだ。

イギリスでは、多くのホオジロガモは、ジェイムズ・ボンド自身と同じように明らかに都会型の生活を身につけている。イギリスでホオジロガモを観察するにはロンドンがいちばんいい。ホオジロガモはロンドンの池めぐりの目玉になっている。ロンドン市民なら、わざわざ望遠鏡その他のかさばる機具一式を車に積み込んで、知らない場所へさがしに出かける必要がない。バスにひょいと飛び乗るだけで観ることができる。

しかし、この鳥はちょっと人間に近づきすぎたのではなかろうか。

イギリスの歴史を通してずっと、ホオジロガモは寒い風に吹きさらされた湖や海岸に冬だけやってくる訪問者にすぎなかった。禄でなしで社会に順応できないピーター・グライムズ[†1]は、発狂して死ぬ前、人も住まない隔離された荒れ野に暮らしていたが、彼が追い込まれていたその荒野を、作者のジョージ・クラブ[†2]はどう描けばよいか考えあぐねていた。そして一八一〇年にグライムズの住むサフォーク州の湿地帯で「甲高い鳴き声を上げるホオジロガモ」のことを、書きとめている。荒涼とした土地に住み、大きな声で、時には恐怖心を煽るように鳴くこの生き物は、コマドリのように、幸せな家庭生活を詩人に連想させる鳥ではなかった。しかし、最近のイギリスのホオジロガモが人間の作った巣箱のほうを好む傾向は、人間に支配されていることを示す究極のしるしである。

多くの人にとって、ホオジロガモが人馴れしているのは嬉しいことだろう。人工の池で骨の折れる餌さがしをした後、人間が作った巣箱に帰ってきても、何も問題はないんじゃないか。繁殖には役立つし、おまけに、こっちが見たいときにすぐ見られるし……しかし、鳥が馴れすぎると、観察する喜びの多くが奪われると主張する人もいる。その人たちにとって、鳥は人間と同じような世界に住みながら、人間とは何の関係もなく独自の規則を作り、独自の生活を営んでいるからこそおもしろいのである。ところが、ホオジロガモが住んでいるのは、これとは対照的に、恵まれた動物園のような場所。ちっともおもしろくない。そして、次には何をやるつもりだろう？　ホオジロガモのためのお見合いサービス業でも始めるのか。そんな馬鹿げた考えを口にすれば物笑いの種になりかねないが、これこそまさに多くのバードウォッチャーが、シェトランド諸島で毎年夏を過ごすようになった相手のいない雌のシロフクロウのために、一九七〇年代に提案した考えである。彼らは、ひとりぼっちの雌鳥たちを、飛行機で島へ連れてきた雄鳥に引き合わせたいと思ったのだが、結局、自然の成り行きを妨げるという倫理上の問題をめぐって延々と論争したすえに、この提案は沙汰やみとなった。

いうまでもないが、じっくり考えなければならないいちばん大事なことは、フィクションのジェイムズ・ボンドがホオジロガモのその新しい習性をどう思うかである。これまで親しい関係にあったが、もうその鳥と自分は何のかかわりもないと言ってもおかしくない。そもそも、ホオジロガモは、その母親でさえわが子に向かって、スパイ映画のヒーローみたいにハンサムじゃなくて、「ヘンな顔ね」、とでも言いそうな鳥だ。そのラテン語の学名、*Bucephala clangula*「うるさく騒ぐ馬の頭」は、かたちも鳴き声もいっぷう変わったこの中形のカモをぴったり表わしている。かのイギリスのスパイ、ジェイムズ・ボンドとはちがい、ホオジロガモはアドーニス[†3]ではない。また少なくともわたしの観た映画から判断すると、ジェイムズ・ボンドは巣箱の中で子作りすることには、二の足を踏むだろう。愛を交わすのにふさわしいロマンティックな環境ではない。何はさておきスペースが足りないことはまちがいない。絵のように美しい湖畔の景色を提供してはくれるだろうが……

ところが、ホオジロガモについて、とりわけ魅力に欠ける現実は、ホオジロガモが汚染された下水の汚物を食べることで集団感染が起こるかもしれず、そのためにその鳥の存続に地球規模の甚大な危険が生じる可能性があることだろう。ジェイムズ・ボンドはというと、食事をするのは高級なレストラン、ひと泳ぎするときはたいていだれか億万長者のプール。彼は、わたしが記憶しているどの映画でも衛生上の問題にぶつかることはない。

†1　ベンジャミン・ブリテン作曲のオペラ作品名。ジョージ・クラブの詩の一節、『ピーター・グライムズ』が原作。

†2　一七五四〜一八三二年。イングランドの詩人

†3　美青年の代名詞として使われる。ギリシア神話に登場する美と愛の女神アプロディーテに愛された美青年

（草野暁子）

殺すべきか殺さざるべきか、それが問題だ

アカオタテガモ

RUDDY DUCK

赤茶色の羽毛を身にまとい、妙な具合に長い尾をおっ立てた、この見た目もうるわしいカモが体現する現代自然保護活動のディレンマ――それは「殺すのをいつやめるか」ではなく、「いつ始めるか」という問題である。

二〇〇五年、イギリス政府がアカオタテガモを撲滅するという決定を下すと、多くの自然愛好家はびっくり仰天――しかも、王立鳥類保護協会（RSPB）が協力を決定するにいたって、ショックはさらにふくれ上がった。保護協会が殺生をするなんて、一体全体、どういうわけだ。

この撲滅計画は、アカオタテガモを擁護する地下抵抗運動を引き起こした。政府がインターネットで「アカオタテガモ」（Ruddy Duck）の関連情報をくまなく探すことを恐れた愛好家は、この鳥の目撃情報をネットに流すときにはRDsあるいはほかの省略コードを使った。ここに、鳥のサイバー戦争が勃発する。

とはいえ、RSPBにはこの駆除を支持する正当な理由があった。実は、アカオタテガモはイギリス生まれではなく、アメリカ生まれである。猟鳥コレクションを飾るために移入されたのが、一九五〇年代に野生化し、ほかのカモと同様、水辺の生息地になじむようになった。二〇〇〇年には、野生のアカオタテガモが六千羽にも達し、同じころ、さらにはるか遠くにまで姿を見せはじめる。やがて、スペインで地元のセニョリータ（もしくはセニョール）を口説きだした。スペインでは、カオジロオタテガモ（アカオタテガモと似てはいるが別種で、世界的に絶滅の危機に瀕している）が、超人的な努力のすえ、二十二羽から二千五百羽にまで増えたところだった。そこへやってきたアカオタテガモ。これが、カオジロオタテガモにとって脅威となる。交雑して赤か白か、いずれとも判定のつかない子孫を生み出した。早い話、生まれてきたのは、とんでもない（ruddyな）厄介者で、この問題を避けて通る（duckする）ことが不可能となったのだ。

イギリス政府の動向の裏には政治的なしがらみが潜んでいると、うがった見方をする人もいる。ジブラルタル譲渡拒否で、ただでさえイギリスに腹を立てているスペインのご機嫌をこれ以上損ねたくないというのである（もっとも、この件に関しては、スペインは三百年の長きにわたって腹を立てている）。欧州委員会もまた、この撲滅を支持——その結果、欧州連合の本部があるブリュッセルの介入に非難が起こる。撲滅反対派は、カオジロオタテガモとの交雑はめったにないと主張し、動物保護運動団体アニマル・エイドは、ナチズムという歴史的亡霊を呼び出して、アカオタテガモは「純血という名のもとに死刑を宣告された」と訴えた。

しかし、これは類似を拡大解釈しすぎているのではなかろうか。人種の場合と異なり、アカオタテガモとカオジロオタテガモの場合、両者は種がちがう。その話は別として、外来種は現代において鳥の絶滅を引き起こしてきた最大の原因といえるかもしれない――ただし、被害をもたらしたのは、新しくやってきた鳥よりネコ、ネズミ、イヌなど哺乳類のほうが多い。外来種は生まれ故郷では自分たちの個体数を下げるように進化してきた捕食者から逃れて、新天地で繁殖することがよくある。その結果、ほかのものが追い出される羽目になる。イギリスに移入された別の種の――こちらはアフリカやアジアからきた――セネガルホンセイインコは驚くべき増加を見せ、一九九五年以来、その数は七倍にも達している。コアカゲラが減少したのをこのインコのせいにする保護論者もいて、巣作りに適当な場所を取り合って争った結果だという。今のところ、イギリスではセネガルホンセイインコを撲滅しようという話は出ていないが、これから先そうなっても不思議はない。

ところで、「外来種」は悪であるという原則に、例外はないのだろうか。ないこともない。イギリスには、一般の人が考える以上にはるかにたくさんの外来種がおり、その多くが適当に安定した個体数を保っている。チョコレート色をしたかわいらしいコキンメフクロウがそのいい例である（女神のお供であるこの鳥の詳細については、〈コキンメフクロウ〉（90頁）を参照のこと）。とりわけオシドリ（Mandarin Duck マンダリンダック）が好きな人なら、生まれ故郷アジアから移入されたこの鳥が、イギリスに居ついて繁殖しているのを保護論者が喜んでいると聞けば、うれしく思うだろう。オシドリに関する一般の人の意見はさまざまである。何とも派手で極彩色の雄と何ともさえない雌とがあまりにちがいすぎて、気に入らないという人もいる――鳥王国全体から見ても、雌雄の魅力の差は最大といえるカモ。一般的には雄の多くは冠毛か後頭部に羽毛があるかのどちらかだが、雄のオシドリにはこの両方がある――そのため、かなり頭でっかちに見える。オシドリの凝った頭飾りは、いくぶん皮肉めいた、もしかすると悪口ともとられかねない学名で称えられている。*Aix*《アイクス》 *galericulata*《ガレリクラータ》は『鬘をつけたカモ』という意味である。しかし、雄のオシドリは洗練されたユーモアのセンスを持ち合わせているようで、そんなことは一向に気にしないだろう。第一次世界大戦時の外務大臣でバードウォッチャーだったグレイ卿の頭の上にこれ見よがしに座っている有名な写真がある――かつて外務省の有力なマンダリン（官僚）に威光を放っていた巨頭の頭上で、威光を放っているマンダリンダックというわけ。

オシドリ雌雄の優越争いはしばしば考慮の外におくとして、現在七千羽にも達しさらに増加しつづけている事実は、故国アジアでは減少している状況をうまく補っている。かくて、一種のカモを迫害しもう一種のカモを保護するという決断は、まったく筋が通っていることになる。

ところで、この話はイギリスにいる雄のオシドリには内緒にしておいていただけませんか――彼らはもうじゅうぶん巨頭ぶりを発揮しておりますから。

（徳植康子）

わが道を行く シギ SNIPE

第二次世界大戦中、ベテランの戦闘機パイロットは経験の乏しい新入りの兵隊に、空中戦で相手を撃墜して生還するための技として、くり返し一つのやり方を教えこんだ——数秒以上直線飛行をするな、すれば一巻の終わりだ、と。

田舎でよく狩りをしたことのあるパイロットなら、特にジグザグ飛行についてはとっくにシギ（正確にはタシギ）から教わっていただろう。この鳥は縞模様のある茶色の渉禽類で、銃が発明されてからこのかた、ハンターをさんざんいまいましがらせてきた。彼らに言わせると、キジを撃つぐらいなら（鳴いてくれさえすれば）誰にだってできるが、シギを仕留めるとなると並々ならぬ技術がいるらしい。

イギリス軍は早くも十九世紀に、この鳥（英名スナイプ）の能力を見抜いていて、「スナイパー（狙撃兵）」と呼ぶ組織を導入していた。スナイパーは敵の司令官や偵察隊、あるいは重要人物を遠方から狙い、動きを追い、射殺する訓練を受けた一流の射手である。これ

はいわゆる借用語で、もともとは、前世紀にシギ（スナイプ）猟の名人を称える言葉としてつくられた言葉だった。その後、軍事からさらに民事の意味も加わり、卑劣な人間（スナイパー）が陰でこっそり他人の成功をけなす（スナイプする）という使い方をされるようになる。本人の言葉どおりに腕の立つ射手かどうか、悪意を込めてこそこそ言う、ということだろう。「スナイプ・ハント（シギ猟）」は、悪ふざけのことで、人を誘い出して待ち呆けをくわせることを意味する（意外な鳥に由来する言葉や名前については〈ウタツグミ〉（173頁）を参照）。

嘴が頭のほぼ三倍と異常に長い――体長比はイギリスにいる鳥のなかではいちばん大きい――このシギ科の謎の多い鳥は、見つけにくい鳥でもある。バードウォッチャーは、イギリスの海岸に点在する渉禽類の大集合地に車でやってくる。オバシギやハマシギ、ミユビシギその他の仲間は安全のために大群で集まり、空は鳥たちの震わせるような鳴き声で満たされる。しかし、シギはふつう一羽だけでひっそりとどこか端っこの小さな水たまりを歩きまわる。まるで大勢と交わるのが苦手で、パーティのときにひとりぼっちで離れている子どもみたいなところがある。

他人と付き合わない人間同様、シギも昔はどこか不思議な不吉なものと考えられ、ヨーロッパ各地で、雨や悪天候をもたらすものとされてきた。ヌナミウト・エスキモーは同じような理由から「お天気作り」と呼んでいる。

少しの雨を降らすぐらいならいいが、シギはたんに悪天候をもたらすより、もっといまわしいものを思い起こさせた。中世のフランスでは、シギの雌はいかなる仕儀でか、悪魔の妻の化身と考えられていた。

シギを捕まえるのはむずかしいと言われているが、ユーラシアウッドコック（ユーラシアヤマシギ）は同じようにジグザグ飛行するのに、そうは思われていない。この鳥の弱点は生来の保守性にある。林の中を飛ぶときは、たいてい毎日同じルートをたどるので、たやすく罠を仕掛けられてしまう。落ちている枝が前にはなかったものだと、のぼらずに除けて通るので、地面でも罠にかかりやすい。そんなことから、ウッドコック（ヤマシギ）はもともと愚かな人間を侮辱する言葉だったのが、その後、名前としても使われるようになった。

近縁のアメリカウッドコックには並みの腕前のハンターから大いにありがたがられているもう一つの特徴がある。それは世界一飛ぶのが遅いことで、人間が元気よく歩くのとほぼ同じ時速八キロで悠然と飛行する。ヨーロッパで残っているこの迷鳥の記録が、ただ一つフランスのハンターたちが撃ち落としたものしかないこともなるほどと合点される。
ジョン・ミルトンは自分を批判した相手に論争を挑んだ小論を数多く書いているが、その一つ『懲罰鞭』の中で、ユーラシアウッドコックの愚かさに触れている。たまたま、ミルトンはその後、キャサリン・ウッドコックと結婚した。夫婦げんかのときに、妻の旧姓がろくでもない連想を伴うことを持ち出したかどうか記録にはないが、怒りっぽいので有名な詩人のこと、きっと奥さんはそのことでスナイプ（狙い撃ち）の的にされたことだろう。

（片柳佐智子）

トキ

JAPANESE CRESTED IBIS

軍配はどちらに——日本か、中国か

不幸な運命をたどったが、まだノックアウトまでは行っていないトキ。その英語名Japanese Crested Ibis（日本の冠毛を持つトキ科の鳥）はとんでもない時代遅れと言わざるを得ない。

学名は*Nipponia nippon.* 英語名といい、学名といい、この鳥は日本各地の池や沼地や田んぼに普通に見られ、長く曲がった嘴と短くずんぐりした脚を使って魚やカエル、イモリなどを漁っていると、誰しも思ってしまうだろう。悲しいことに、今は全くそうではない。

その昔、トキはごくありふれた鳥で、日常生活のさまざまな場面に織りこまれていた。しばしば日本の文学や美術にも採り上げられていて、絵にするにはおもしろくはあってもさぞかしむずかしい鳥だったにちがいない。顔の前面はピンクの肌がむき出し。頭の上にはふわふわと灰色の羽が生えていては、まるで老いぼれパンク・ロッカーが意外なニュースにびっくり仰天し、ピピッと電気が走ったような趣である。長い嘴はぐにゃりと曲がり、

おまけに体ときたら、光の具合でときに灰色、ときにピンクや白色に見えたりする。印象派の画家は、同じ風景を一日のちがった時間に描き、光の当たり具合でまるでちがった様相を呈するのを楽しんだから、そのことを知ったら、ずいぶんとこの鳥が好きになったことだろう。印象主義が日本の絵画から多くのインスピレーションを得ていることはわかっていただろうから、よけい感興をそそられたに相違ない。トキの色はショッキング・ピンクでもなければ雪のような純白でもない中間のぼやけた色。このある種の淡紅色は日本ではトキにちなんで「トキ色」と呼ばれている。イギリス人がrose（バラの花）と同じ色合いをrose（バラ色）と表現するのと同じ伝である。週末のロンドンを散歩していると、今でも普通にサギを見かけるが、同じようにかつては東京湾でも時どきトキを目にしたらしい。

ところが、狩猟と、生息地の消失というはやりの二重苦に遭遇し、二十世紀初頭には日本国内のトキの個体数は激減していた。一九二〇年には絶滅したと思われていたが、その十二年後、小さくて今でも比較的交通不便な佐渡島と、この島に近い本州のごく一部で再発見される。

一九八一年には、佐渡の野生種は五羽にまで落ちこんでいた。そこで政府は捕獲してその保護に乗り出し、以後、三十年にわたって、数をふやそうと、あわれにも滑稽な試みが続けられた。トキの運命の曲折が日本の新聞に事細かに掲載される。そして、その愛の生活までメディア界のスター並みにせっせと報道される。いや、今やトキ自身がスターなのだ。こんなにちやほやされると、名士はしばしば破滅を招くものだが、トキはときめいたおかげで手厚く保護され、個体数が少しずつ増えてきている。

成功を収めるには、当局は二つの問題を克服しなければならない。一つは飼育して個体数をふやすことで、今一つは野生に返すことである。二つのもくろみは珍奇な仕掛けのからんだ独創的なものだったが、失敗と成功のくり返しにすぎなかった。現在、トキは四千平方メートルの巨大なケージで飼育されているが、二〇一〇年にテンが隙間から入りこんで九羽を食い殺してしまった。後日、職員がテンの入れる大きさの隙間を数えてみると、なんと二百六十五か所もあったという。これではてんで成功は望めない。世界中の政府報告書によく見られることだが、被害を受けてから、その正確な規模や範囲や分析が報告される。この隙間の報告もそんなあとの祭りの熱意を如実に物語っている。

トキを捕食動物から守るため、夜間、職員は少し離れた小屋でマイクロフォンを使って鳴き声に耳を傾け、ふだんの鳴き声が甲高い叫び声に変わったらすぐ駆けつけるようにした。しかし、巨大なケージの中で、下草の中を走りまわり、たまにひょこっと頭をもたげるだけの小さなテンに、いったいどうやってすばやく対応するのかよくわからない。まあ、トキの方にしてみれば、ケージに隠しマイク、さらにこの頃は電気柵まで設置するというまさに超人的な保護活動を目にして、曲がりなりにも安心し、ご機嫌になっているのかもしれない。

幸い、トキは種として、日本政府の善意に満ちた茶番にひたすら頼る必要もなさそうである。トキはかつて中国にも生息していたが、絶滅したと思われていた。しかし、中国科学院動物研究所は三年にわたり全国を大規模に探索し、一九八一年に七羽を発見する。その後探索は続けられ、一九八九年には四十六羽が確認される。徹底した保護策が講じられ、個体数はおよそ五百羽に膨れあがる。今度ばかりは、了見の狭い国家主義が（そもそも中国人を行動に駆り立てたのはこれだった）すばらしい恵みをもたらした。ニッポニア・ニッポンは中国で繁殖している。これにより中国は、数世紀に及ぶライバルとの競り合いでささやかな勝利を収めた。現在くり広げられている宣伝合戦の勝利もトキの存続を保証することになるだろう。国家主義に万歳――おさえて三唱ならぬ二唱にしておく。（鈴木忠昌）

ミヤコショウビン

MIYAKO KINGFISHER

実在不明の謎

ミヤコショウビンは、鳥類学の史料に出てくる鳥の中で、変わり種の一つである。理由は簡単。かつて実在していたかどうかよくわからないのだ。

わたしの持っている古ぼけた野外携帯用日本の鳥類ガイドブックには、もう野外に存在しない種まで取りあげるという、いささかげんなりさせられるような突拍子もない習慣がある。そのミヤコショウビンについての記述は、感心するほど詳しい。「アカショウビンよりやや小型、色はアカショウビンより濃い茶色で、青緑色の筋が、眼の下から背中につながり、肩羽から尾までのびている。尻と尾の覆羽はコバルトブルー、脚は暗赤色。」そのあと、まさにこの期に及んでグサッとひと突き「現況＝絶滅」とくる。ミヤコショウビンは、一点の標本だけから存在が知られている多くの鳥のひとつである——この鳥の場合、標本となった個体はさかのぼって一八八七年に宮古島で発見された。

発見は一八八七年だったかもしれないが、確認されたのは一九一九年になってからで、鳥類学者、黒田長礼が、東京帝国大学所蔵の動物と鳥類の皮をくまなく調べていたときである。標本のラベルはどうしようもなくあいまいで、その標本を入手した人の名前と、年の記述がない日付（二月五日）、それに「八重山」の地名があるだけだった。さらにいくつかの細かい点まで確かめるために、黒田が人を介して発見者と連絡を取ると、すぐに「宮古島、一八八七」という返事がきた。宮古島は実際には八重山群島の中ではなく、近くの島である。

「ちょっとちょっと、そんなことどうでもいいんじゃないですか、ラベルが、ずさんでいい加減だなんて。今までにこれに似た種が一つもいなければ、新種にちがいないでしょう。昔の諺を反対にすれば、『姿アヒルに似ず、鳴き方アヒルに似ざれば、アヒルにあらず』です」とおっしゃるかもしれない。

ところが、問題はまさにここからややこしくなる。その核心は次の点にある。ミヤコショウビンは、グァムアカショウビンに酷似している――しかし全く同じではない。ミヤコショウビンのカワセミ科特有の長く分厚い嘴は白いが、グァムアカショウビンの嘴は黒い――もっとも、ミヤコショウビンの嘴が白いのは、長い年月を経て色褪せただけなのかもしれない。重要な違いは、ミヤコショウビンの脚が暗赤色だということ。ガイドブックにそう書いてあるのは、つまり、この鳥は絶滅しているけれども、万が一にも名も知れない列島で見つけるようなことでもあれば、その時役立つようにと、ご親切にも教えてくれているわけだろう。そして対照的に、グァムアカショウビンの脚は茶色である。

なんと間の悪いことに、ややこしい問題はさらに輪をかけてややこしくなる。その標本を手に入れた田代安定なる人物、実はグァムに行ったことがある。ラベルの曖昧さからして、そもそも彼はどこでその鳥を手に入れたのかはっきりしないし、またその後三十二年もたってから訊かれても、老いのしあわせというか、記憶はさらに怪しくなっていただろう。もうひとつ疑問がある。田代はミヤコショウビンを発見したあと、なぜみずからそれを新種として公表しなかったのか？　新種とは思わなかったのか、それとも、そんなことはあれこれ考えもしなかっただけなのか？

ほかにもいろいろな説がある。ミヤコショウビンは宮古島で発見されはしたが、グァム島からの迷鳥にすぎなかったとか、宮古島へ連れてこられて観賞用に飼われていたのが、その後逃げ出したのだとか。

ミヤコショウビンが存在していたことに懐疑的な人の説の中には、自分自身懐疑派として疑問視してしかるべきものもある。世界中に観賞用としてアヒルを飼う人はたくさんいるけれども、カワセミを飼う人なんてまずいないだろう。さらに、懐疑派の話を信じるとすれば、グァムから宮古島へ珍しい旅をしたグァムアカショウビンは脚の色がたまたまほかとはちがう珍しい鳥だった、という二重の珍奇な偶然を認めなければならなくなる。これはオッカムの「かみそりの原理」――一般的に仮説を必要最小限の数にとどめた説を受け入れるべきだ――に背いている。このケースでは、どうしてもふたつの仮定が必要になる。

これまでに実在したかどうかが議論の的になった鳥の話は、決してこれだけではない。

十九世紀に南米で発見されたハチドリで、一点の標本だけで知られているレルヒズサファイア（*Timoria Lerch*）は、今では雑種にすぎないと考えられている（鳥類研究家はそれが何の雑種かを決定することはできないでいる）。タウゼンドムナグロノジコの例もある。一八三三年の標本から、かつては新種だと信じられていたが、今では普通のアメリカ産のムナグロノジコ、黄色い色がついていないだけの変種とみなされている。最後に（といってもさしあたって今の時点での話）、大事なものは、コックスキョウジョシギである。オーストラリアの渉禽類で、バードウォッチャーのあいだに大興奮を巻き起こして、一九八二年に新種とされたが、その後一九九六年に、全然新種ではなく、アメリカウズラシギとサルハマシギの雑種にすぎないと記述された。

こんなふうに心理学で言う「願望的思考」が次々に出てくるのは、歴史を通して人間には新しいものを発見したいという、生まれながらの願いがあり、そのためには時として慎みなどかなぐり捨てることを証明している。いっそう味気ない話になるが、ほとんどの野鳥観察者には、自分が観察した野鳥のリストのどこかに、正直なところ、気がとがめてチクッと感じる箇所がある。興奮しているときは珍しいと思ったのに、後でよく考えると数えきれないほど何度も見たことのある全くありふれた鳥だったと、心の底ではちゃんとわかっている鳥がいる。つまり、ほとんどの野鳥観察者は、自分自身のミヤコショウビンを持っているのだ。

もちろん、またミヤコショウビンが姿を見せる可能性もなくはない——そこは、人に気づかれそうな人口密度の高い小さな宮古島ではなく、これまでずっと気づかれることのなかったもっと人里離れた島だろう。鼻先でせせら笑う懐疑論者には、オオハシオオヨシキリの例を示しておこう。この鳥は一八六七年インドに一点あった標本だけから存在が知られていたが、その後——ここは葦の茂る別天地だ、とオオヨシキリも言いそうな——タイで、二〇〇六年に再発見された。さて、もしわたしがミヤコショウビンを見つけたら、三十二年も待たないで、必ず誰かに話すことを約束いたします。

† 本来のことわざは、「アヒルのように歩き、アヒルのように鳴き、アヒルのような姿ならそれはアヒルだ。」

（草野晩子）

ツルはサギだと言っても詐偽《サギ》ではない

アオサギ

GREY HERON

イギリスの鳥類で簡単に見分けがつくものの一つにアオサギがある——体長九〇センチ、浅瀬で直立不動のままそっと魚を待ちかまえている。賭けてもいいが、イギリスの鳥の中でいちばん遠くから見分けられるのはアオサギだろう。それはその独特の飛翔姿のおかげである。大きな弓形の翼で推進力を得て、長い脚をすっと後ろへ伸ばしている姿は、まるで操縦士が車輪をしまい忘れたまま飛んでいる飛行機を思わせる。

人びとはアオサギがあまりにも身近だったため、かえって何世紀にもわたり際限のない呼び名の混乱に巻き込まれてしまった。この鳥に付いたおびただしい数の名称を徐々に削ぎ落としていく過程は、学者やその召使たる校長先生が着々と勝利を収めていった模範例で、その人たちは動物や物の変化に富む地方独特の名称や綴りを一掃して一つの共通規格にしてしまった。椅子取りゲームと同じで一つの場所に一つの単語しか与えられない、否も応もない。

もっとも有名な混乱の例は、イギリスでもっとも有名な文学作品、シェイクスピアの『ハムレット』にある。

ぼくは北北西の風が吹くときだけ狂うんだ。
南風なら鷹(hawk)か鷺(handsaw)か
それくらいの見分けはつく。

(第二幕、第二場、野島秀勝訳。括弧内の英語は筆者)

デンマークの王子ハムレットはこのようにローゼンクランツやギルデンスターンに言っており、狂人のふりはしているが風向きが変わるように素早く正気に返るのだと説明している。Handsaw(のこぎりの意味もある)はアオサギを表わす古語harnserの異綴りで、木を切る道具ではない。タカとサギを対照しているのは、サギは猛禽でも容易には殺せないので、鷹匠が飼っているタカの力量を披露できるうってつけの獲物とされていた時代を考えれば、至極自然な選択である。

アオサギに付いたもう一つの古語はcraneだが、今日のcrane(ツル)はまったく別の科に属するので、これまた際限なく問題を引き起こす。このことから、大がつくほどの懐疑論者は、ツルは最近イーストアングリアに再移入されるまで、イギリスで繁殖したことがない、crane はサギのことだ、と言うまでになっている。その通りである可能性もわずかばかりないではない。しかし、中世やチューダー朝の宴会で食卓に上った鳥のリストを参照すると（ちなみに、これは古い時代にどんな鳥がイギリスに生息していたかを知る重要な証拠資料である）、ときどきサギとツルの両方が載っている。だとすると一五〇〇年代まではサギもツルもイギリスに生息していたのに、そのあと数百年、ツルはイギリスから絶滅していたことになる。ツルが不在の間、サミュエル・ジョンソンが一七五五年に分厚い『英語辞典』を出版した後の数世紀で英語はどーんと標準化が進み、実用的になったものの、単調で画一的になってしまった。サギに付けられた古風で愛情のこもった Julie-the-bogs（沼地のジュリー）や Old Nog（ノグ爺さん）や Frank（フランクさん）などの親しみ易くちょっと人間目線（鳥の基準によると）を反映した名称はしだいに廃れていった。

それでも英語を標準化する過程はジョンソンによって終わるどころかこれが始まりで、今の世の中でもまだ進行中である。鳥の例をあげると、わたしが子どもだった一九八〇年代でさえ、Little Grebe（カイツブリ）は Little Grebe、dannock（ヨーロッパカヤクグリ）は dunnock だとする大多数の野鳥図鑑や王立野鳥保護協会（RSPB）の提言におとなしく従わないバードウォッチャーがいた。言葉にうるさい反対者は Little Grebe を dabchick と呼んでいた――RSPB は、この鳥の科名（grebe カイツブリ科）を名前に反映させたいので、それをきらうのだ。もっと強硬な保守派は dannock を Hedge Sparrow と呼んでいた――庶民は本当にスズメ（sparrow）だと勘違いしており、何世紀ものあいだ、この名称がもっとも普通に通用していたのである。古くからの名称は現代の名称より遥かに魅力的なものが多い。

歴史家がおそらくいつまでもバッグプス（袋のねこ）世代として心に留めると思われる世代に属する人、つまりイギリスで子どものころ布製のネコが出てくる一九七〇年代のこのテレビ番組を熱心に見ていた人は、ヤッフル教授をおぼえているだろう。種は不明だが鳥の形に彫刻した本立てである。ヤッフルとは、今日いささか詩的でないGreen Woodpecker（ヨーロッパアオゲラ）の別名で通っている鳥の鳴き声からきた言葉である。その名は、熱心なバードウォッチャーの目を避けて、木から木へと飛び移る鳥の発する嘲笑うような鳴き声をまねて付けられた。曰くありげな名前で、小学生は興味をそそられ「どうしてそんな名前がついたの？」と質問したくなるだろう。しかし鳥類学でも他の大多数の生活領域でも順応派が勝利をおさめ、もはやGreen Woodpeckerをヤッフルと言っているのを耳にすることは稀になった。この先どこまで行くのだろうか？　純粋主義者は、英語からHedge Sparrowなる単語をほぼ排除した次は、ヨーロッパカヤクグリをHedge Accentorと呼んでほしいとでも思っているのだろうか。イワヒバリ（Accentor）属の鳥だからである。Accentorはラテン語で聖歌隊員（chorister）を意味し、ヨーロッパカヤクグリなどのイワヒバリ属は歌がうまい。純粋主義者は今のところこの戦いでは負けているが、いつまでも負けたままではいないだろう。

順応派はグルメ関係でも確かに勝ちをおさめている。テレビ出演するシェフは東洋風の料理を取り入れても、ほとんどの人はサギには二の足を踏む。けれども中世でサギはグルメである貴族の食卓に出せるほど美味とされていた。奇妙なことにイギリス人の味覚が変わったらしく、二十世紀にはサギを食べた人はみなさん我慢できないほど生臭いとおっしゃっている——ところで、食えない奴と言われたらサギは悲しいだろうか、嬉しいだろうか。

（金澤寿男）

カンムリカイツブリ

Great Crested Grebe

バードウォッチングからマンウォッチングへ

カンムリカイツブリは自然界の目立ちたがり屋。しかし、多くの目立ちたがり屋と同じく、頭《ず》が高いために代償を払ってきた。

繁殖期の羽毛は、雄も雌も同じように魅力的で、頭頂部は黒く、その下、首まわりの羽毛は赤褐色で下へ行くほど黒みを帯び、先端はふたたび黒くなる。鳥としては珍しく雌雄が対等の関係にあるが、その点はつがうときに両者が同じ役割を担っていることから説明がつく。雄がディスプレイを行ない、雌は未来の花嫁らしく恥じらいを見せる、という鳥の世界で一般的な求愛行動はとらない。

カンムリカイツブリの「ウィードセレモニー（水草儀式）」は、あらゆる鳥の求愛儀式のなかでももっともよく知られている——だけではなく、雄が主導権を握ることはないので、驚くほど非差別的だとも言える。もっとも、汚い水草を使うから、今日の厳しい安全衛生基準を満たしてはいないだろう。雌雄はゆっくり泳ぎながら相手から離れると、甲高くカッカッと鳴いて水中に潜る。そしてともに一束の水草をくわえて浮き上がり、急いで近づくと、いよいよ儀式のクライマックスへ突入する。崖から落ちた漫画の主人公よろしく、足をバタバタさせながら水中で立ち上がるように高々と体を起こし、もたげた頭をたがいに左右にすばやく振る。この水草儀式を見れば、まことのロマンスは遠い昔の語りぐさだなどと水くさいことを誰が言えようか。

しかし、カンムリカイツブリの命運があやうく尽きそうになったのは、その冠羽に原因がある。ヴィクトリア朝のご婦人方が、この鳥の羽毛は自分の頭上でも同じようにすてきに見えるだろうと考えるようになったのだ。一八六〇年には、わずか四十二つがいしかイギリスに残っていなかった。

いかなる作用も同じ大きさの反作用をもたらすとすれば、カイツブリの迫害はその申し分のない例となる。一八八九年、裕福なご婦人たちがファッションに鳥を使うのをやめようと、マンチェスター郊外のディズベリーに集まった。とくにカンムリカイツブリや、鳴き声からキッティウェイクと名づけられたカモメ（和名：ミツユビカモメ）に対する迫害を主な動機として、最初は「羽毛連盟」という会を結成した。それはのちに「王立鳥類保護協会」となり、今日ではヨーロッパ最大の自然保護組織として、百万人を超える会員を擁している。カンムリカイツブリも数が増え、めざましいとまではいかないが、現在、一万つがいまでもうひと息のところまできている。

一九三一年のカンムリカイツブリ調査は人類学者で鳥類学者の（さらには当時の多数の著名な鳥類学者と同じく、ハロー校出身でもある）トム・ハリソンが共同で組織し、いかにカンムリカイツブリたちの運命がよみがえったかを調べた。これがヒントになって、ハリソンは共同で世論調査、つまり社会の傾向について、影響力があるが論議の的にもなる調査をはじめた。世論調査は当初、エドワード八世が離婚歴のあるウォリス・シンプソン夫人との結婚を望んで、王位放棄をするか否かの重大局面に際して行なわれた。王を批判する全国紙に反発するハリソンと賛同者が、マスメディアのヒステリーに埋もれた部分を掘り起こし、エドワード八世とシンプソン夫人に対する大衆の心情を探りたいと思ったのだ。しかし、第二次世界大戦のロンドン大空襲時には、政府にとって、一般の国民の士気を測る絶好の方法になった。ハリソンは、マックス・ニコルソン、ジェイムズ・フィッシャー、リチャード・フィッターをふくむ数名のすぐれたバードウォッチャーから世論調査への支持を取り付けた――この事実からバードウォッチャーは人間の観察も同じくらい好きだということがうかがえる。

世論調査は大体において、鳥類を調査するのと同じ方法で行なわれた。ボランティアには、日誌をつけるだけでなく、街頭で耳にする興味深い、本音が出る言葉の断片まで聞きとることが求められた。そこには、人びとの日々の行動や考えが表われているはず――バードウォッチャーがカイツブリを観察して興味深い行動をもらさず記録するのとほとんどちがいがない。ハリソンは鳥に対して有効なら人間にも通用するだろうと考えた。ハリソンいわく「鳥に質問などしません。インタビューしようなんて思いませんよね。」

今日、バードウォッチングは双眼鏡でそっと観察することからはるかに進んでいる。ロッホ・ガルテンの鳥類保護地域で繁殖する全国的に有名なミサゴは、ニューフォレストに営巣するオオタカやハヤブサと同じく、ウェブ上でライブ観察ができる。そういった鳥を電子機器を通して見ることは、鳥をつねにおおやけの目にさらすことで、卵泥棒や心ない者たちから守ることができる。

しかし、世論調査は相手に知らせもせず、同意も得ずに監視するのだから、イギリスの監視社会の幕開けになったと批判されてもきた。われわれはカイツブリを密かに探ることから、自分たちと同じ市民を監視するまでになった。人間に同じことをしてもオーケーなのか？　情報機関なら、国の安全のためにはある程度の警戒は必要だと当然答えるだろう。

しかし、監視に賛成か反対かの倫理的議論はともかく、世論調査の創設者たちが、ホモ・サピエンスに対してほかの種と同様の扱いをすると決めたことは大きな意味を持つ。それは、ポストダーウィン時代に、科学者の人間に対する見方が変わったことを示している。昨今、多くの科学者が、人間という種は神に選ばれた特殊な存在ではなく、ほかの生き物と同じで、多くの種の中のたんなる一種だとみなすようになっている。

（片柳佐智子）

タンチョウ

RED-CROWNED CRANE

死に絶えかけた長寿のシンボル

タンチョウを救ったのは小学生だった。

丈高く、気品に満ち、長い頚がくねるように美しいこの鳥は、単調には遠い華麗な求愛の舞を舞う。ややはにかんだ様子ではじまる舞は、やがてアクロバットのように空中高く跳んで終わる。日本では幕府がきびしい銃規制を設けたおかげで、十九世紀後半までなんとか生き残っていたが、規制がゆるやかになって以後間もなく、猟師がこの無防備な大型の鳥を根絶やしにしてしまった。十九世紀末には、「日本のツル」を意味する *Grus*《グルス》 *japonensis*《ヤポネンシス》 の学名を持つこの鳥はアジア大陸にわずかに生息していたものの、「日出づる国」では姿を消したと思われていた。

しかしその半世紀後に北海道の奥地で再発見される。今度は政府もその保護に努めたが、一九五二年、異常な低温のため餌場が凍り、ツルが餌にありつけないことに地元の小学生が気づき、穀類の餌まきをはじめた。以来、冬の餌やりの慣習は今日までも続いている。

タンチョウ

現在、ツルは観光の目玉で、再発見の折には三十羽にすぎなかった群れが、今では九百羽にまで増えて、その魅力はさらにふくれあがっている。

日本では「鶴は千年」と言われ、昔から長寿のシンボルとされてきたし、実際にも四十年は生きることができて、鳥としては長いにもかかわらず、絶滅の危機に瀕していたとはなんとも皮肉な話である。日本の花嫁はツルの文様の婚礼衣裳を身にまとい、ツルにあやかって結婚生活が末永く続くよう願った。しかしそれも心ない猟師の無差別な殺戮をやめさせるには至らなかった。

それでも長寿神話は生きつづけ、さらに新しい命が吹き込まれた。広島の原爆で致命傷を負った少女が、死ぬまでに千羽鶴を折ることを誓ったのに、悲願を果たせずに他界した。しかしその願いは友だちに引き継がれ、今日でも子どもたちは折り紙の千羽鶴をつないで学校に飾っている。

北米のアメリカシロヅルもほとんど姿を消し、一九四一年には二十一羽を残すだけとなった。しかし人工繁殖によっておよそ五百羽にまで増えた。鳥獣保護者がほかの鳥の保護を試みる中で、出だしの失敗からいろいろ教訓を得た結果である。その試行錯誤の経過には確かに笑いを誘われるものもある。まずアメリカシロヅルのひなを、ざらにいるカナダヅルの里子にし、親鳥の数を人為的にふやすことによってその生存率を極力高めようとした。ところが里親に育てられたアメリカシロヅルには、成長につれアイデンティティの問題が生じた。つまり、自分を養い親と同じカナダヅルと思い込んで、本来の種、アメリカシロヅルとはつがいになろうとしないのである。そこでアメリカシロヅルを模した縫いぐるみに、頭や頚を似せた腕人形をつけ、それで親鳥に変装した飼育係がひなの世話をすることになった。ところが、野生の場合は先輩たちから渡りを教わるのに、囲いの中で育ったアメリカシロヅルは、渡りの必要性など全く意識にない。解決策として、シロヅルのような白い扮装をした人間が超軽量の飛行機に乗って、渡りのルートを飛び、若鳥の群れにこの珍妙な機械のあとを追わせることにした。

ツルの美しさは、その姿に接した文化をすべて魅了してきた。古代ギリシア人の考えによれば、神々の使者ヘルメスは、ガンと同じように楔形を作って渡りをするクロヅルに霊感を得て、アルファベット文字を創ったという。わたしたちはツル（英名Crane《クレーン》）を見て名詞と動詞を考え出した。首を伸ばして（クレーン）あたりを見まわすと、街の建設現場でクレーンと称する起重機がせわしげに作業をしている。またイギリスに多いクレーン姓は背高のっぽや脚の長い人をクレーンと呼んだことがはじまりである。ほかの鳥と比べてどことなく人間ぽいツルの外見は、ひとしお興味をそそってほら話が生まれたりもする。二〇〇二年のハリウッド映画『モスマンの予言』†のきっかけとなったウェスト・ヴァージニア州の現代のモスマン伝説は、専門家に言わせれば、カナダヅルを見誤ったものだとか。

控えめに言っても、モスマンの話は疑わしいと思っているが、ツルが人間に似ていることは否めない。ツルが美しさを見せびらかすように畑地をゆったり行きつ戻りつする様子は、温暖な地中海沿岸あたりのうら若い魅力的な女性が、宵の街の広場を「どう？　わたし、きれいでしょ?」と言わんばかりに歩きまわるのに似ている。十七世紀の俳人、榎本(宝井)其角はツルの姿をみごと一句に詠んでいる。

日の春をゆたかにつるの歩みかな　(其角)

イングランドのクロヅルは十六世紀に絶滅した。それでも鳥としては珍しいほど多くの地名にその痕跡をとどめている。たとえば「クランフォード」という地名がデヴォン州、ノーサンプトンシア州、さらにはロンドン自治区のハウンズローなどにみられる(クラン=クレーン)。またクロヅルはヨーロッパの紋章にいちばんよく見られる鳥である。長い頸をすっくと伸ばした立ち姿は警戒をあらわすというもっぱらの評判で、領土、財産、男子の血統をあくまで守りたい貴族としては大いにあやかりたいところだろう。イギリスの鳥類学者は二十世紀末に沼地が最終的に保護復旧されれば、クロヅルが戻ってくるだろうと予想した。そして長いあいだ静かに待ち続けた甲斐があった。一九八一年にイーストアングリアの湿地に戻ってきて、再び実際に見ることができるようになった。

フィンランドの作曲家、ヤン・シベリウスは自然すべてに、とりわけツルに対する愛着を決して失うことがなかった。ツルのような長寿を保った九十一歳で亡くなる前々日、朝の散歩から戻ると、妻のアイノにツルの群れが渡って行くと告げ、空を見上げながら言った。「ほらほら。ぼくの青春の鳥だ。」すると急に一羽が群れから離れてまるで挨拶するように家の上空に輪を描いた。二日後、シベリウスはその生涯を閉じた。

† 『モスマンの予言』 心理学者で超常現象研究者ジョン・キールが一九七五年に出版した本。ウェスト・ヴァージニア州の小さな町で、多くの人が見たとされる、二つの赤い目と、広げると三メートルほどの翼を持ち、ヘリコプターのようにまっすぐに舞い上がる人間ぐらいの大きさの鳥のようなものについて、目撃者たちの報告をまとめた本。モスマンの名はかつて子どもたちに大人気を博したバットマンにちなんだものとされる。二〇〇二年、同名のタイトルの心理的ホラー映画がハリウッドで製作された。

（工藤恭子）

5.
猟鳥
Game Birds

ノガン

GREAT BUSTARD

鳥のすみかも景気次第

都市化が深刻になり環境が破壊される前の、イングランドの自然の典型的なイメージは、生垣で整然と絵のように美しく区切られた何マイルも続く畑や牧草地だった。

じつは、イングランドの自然はさまざまに生まれ変わっており、きちんと区分けられた小さな畑や牧草地の時代は、その中の一つにすぎない。農地が共用地から私有地になるにつれ、土地がこのようなパッチワーク模様に仕切られたのは、十八世紀から十九世紀（初頭）に全盛期を迎える「囲い込み時代」だった。それ以前の数百年、イングランドは大部分が広く開放的な土地だった。が、これもはるかな昔からずっとそうだったわけではない。農業が登場するまでイングランドは主に森林と沼地だった。

ノガンは堂々として尊大、これ見よがしに気取って歩く大きな鳥だが、はるか遠くから危険を察知するには広々とした土地が必要であるため、その生息は今より前の、更にその前の時代（広く開放的な土地の時代）に遡る。従って、一八三〇年代にイギリスで絶滅したのはそれほど不思議ではない。といっても、かつての生息地近くにある三軒のパブの名前と二つの州の紋章にはまだ残っている。

風変わりな赤褐色の七面鳥に見えるこの鳥は、たいへん用心深いが、それはやむを得ないことかもしれない。イギリスで姿を消した理由の一つは、適切な生息地がどんどん減ったこと。今一つは、あいにく図体がとてつもなく大きく、その上美味だったので、やたらに撃ち殺され、しばしば貴族の食卓を賑わしたことである。わたし自身はノガン科の鳥を食べたことはないが、食材としての価値を示す名前を紹介しよう。ノガンの仲間の一つベンガルショウノガンの学

名は*Otis*《オティス》 *deliciosa*《デリキオーサ》（おいしいノガン）だった。その後、差別用語でやり玉にあげられないように*Otis*《オティス》 *bengalensis*《ベンガレンシス》（ベンガルのノガン）と改名されている。

ノガン科の鳥は、そのおいしさだけでなく野外での行動でも記憶に値する。雄は目をみはるような求愛行動で知られている。インドにいるインドショウノガンの雄は、ガタガタと大きな音を出して、一日に五百回も、宙に二メートルも飛び上がる。別にどうってことない、とお思いかもしれない（実はわたしもそう思わなくはなさそうで、以前、似たり寄ったりのことをする神経質で短気な上司がいた）。しかし、この求愛行動は雌には十分な印象を与えるらしく、何百万年もの間、種の保存に役立ってきた。ほかのノガン科の種類もたいてい同じように活発な求愛行動をする。かつてモロッコでフサエリショウノガンが運動選手顔負けの求愛行動を見せたとき、イギリスの鳥類ガイドは何やら訳がわからず、あろうことか最初は犬が二匹けんかをしていると言い、次にはアラブ人が自転車に乗っていると説明した。白いとさかをバーヌース（アラビア人などの着るフード付きマント）とまちがえたというお粗末。こうした近縁種とは異なり、当のノガンは対照的な求愛行動をとる。体のあちこちを膨らませたり突き出したりはするが、その後は競技会のボディービルダーのようにポーズをとって長い間じっとしている。こんな人目を引く鳥が、少なくとも六千年前のスペインの洞窟壁画という、もっとも初期の芸術作品の中に描かれているのは、そう驚くことでもなかろう。壁画は荒削りで、その中に描かれているこの巨大な鳥は、鳥というよりまるで恐竜のディプロドクスだが、消去法によってノガン科の鳥にちがいないと判断できる。

誰だってこんなすばらしい鳥ならイギリスに再移入したいと思うにちがいない。これまでそれが三回試みられたが、その経過を見ると、そもそも絶滅を防ぐより再移入の方がはるかにむずかしいようである。最初の二回は一九〇〇年にノーフォークと、一九七〇年代にウィルトシャーとで行なわれたがいずれも失敗。そして三回目は二〇〇四年に再度ウィルトシャーで実施されたが、この最近の試みが成功するかどうかはまだなんとも言えない。

一般的に、鳥をイギリスへ再移入できる見通しはどうなのか。危なっかしいというのがその答えである。長い期間不在だった種を突然イギリスの田園地帯に移入させる場合、その種にふさわしい生息環境や条件を科学的に正確に見きわめるのはきわめてむずかしい。科学者にできることは、再移入に成功した国での鳥の生態系を研究して、それにならってイギリスでの成功の可能性を最大にすることぐらいである。かつて成功したこともあるとは言える。スコットランドのヨーロッパオオライチョウは狩猟や森林開拓のせいで十八世紀に絶滅したが、その後首尾よく同地へ再移入された。オジロワシも、二十年間に二度失敗したあと、一九七〇年代にみごとスコットランドに戻された。しかし、オジロワシをイーストアングリアへ再移入する計画は、政府が金融引き締め策で歳出を抑制したため、二〇一〇年に取り止めとなる。そんなわけで、ノガンが二時代前のイギリスの鳥で終わるなら、さしずめオジロワシがすべての鳥の中でもっとも今日的な鳥ということになる――納税者や公共サービス、公務員と同じく、現代経済の犠牲者なのだ。

（鈴木忠昌）

ライチョウノミクス

アカライチョウ

RED GROUSE

役所で一種類の鳥のために全国にまたがる広大な土地を管理してくれたらどんなにいいだろう。それがどちらともいえないんですねえ、歴史のしめすところでは。

アカライチョウはややずんぐりした赤褐色の鳥で、雄には目立つ緋色の肉冠があり、不満そうにつり上げられた眉毛みたいに見える（とはいえ、この鳥が乗り越えてきたことをいろいろ読んでいただければ、そのことに目くじらを立てる方はいらっしゃらないでしょう）。かつてはイギリス固有の種はこれだけだと思われていた。その後、同種の鳥の地方型を完全な種に格上げすることが世界的な風潮になったとき、あいにくその逆を行く。アカライチョウの今の相場は、確かにイギリス固有だが、世界に広く生息するカラフトライチョウの地方型にすぎない、といったところだろう。というわけで、コマドリがイギリスの国民的人気鳥コンテストでアカライチョウを破ってくれてまあよかったともいえる。『タイムズ』紙の読者がコマドリのために支援を惜しまなかったのが決め手となったのだが、アカライチョウが勝っていたら、すべては愚かな誤解のせいでしたと、どんな顔をしてよその国の人に説明したらいいかわからない。

しかしまちがいだった「唯一の種」説は、この鳥が歴史的に愛されてきた理由のほんの一部にすぎない。最大の理由は、アカライチョウが何百年も前からイギリスの生活文化の重要な部分を形作ってきたことにある。二十一世紀ともなるとその影響も陰りを見せているが、ヴィクトリア時代には、血気盛んな上流紳士たるもの、八月十二日を間近にするとこぞって体がうずうずしてきた。「栄光の十二日」と呼ばれるこの日に狩猟シーズンがはじまり、スコットランドのライチョウ猟場用原野へと向かったのである。

スコットランド高地地方の広大な地域がライチョウノミクスに依存し、オフシーズンでも原野を管理しアカライチョウを監視するのに何千人という雇用が生まれていた。シーズンが――その生息数を維持するために、アカライチョウが繁殖した後に――はじまると、狩りをする上流紳士の勢子や雑用係として地元の人びとを雇わなければならなかったのだ（別のチョウルイノミクスの例を知りたい方は〈ジャワアナツバメ〉（357頁）を参照）。

よく管理された狩猟鳥に例外なく起こる皮肉な運命が、アカライチョウにも訪れる。撃ちたいと思えば多くの個体を維持しなければならない――つまり殺すというスポーツのおかげでアカライチョウの数が増えたというわけ。最盛期には、毎年シーズンがはじまる前に五百万羽にも達していた。今ではライチョウ猟がずっとまれになり、五十万羽を数えるにすぎない。ライチョウノミクスの恩恵はまだあり、広大な土地が未開発のまま残り、アカライチョウののどかな生息地として保存された。

しかし犠牲者もいた。鳥類の中で最大のとばっちりを受けたのは猛禽類である。人間さまと同じくらいアカライチョウを大量に殺すと思われ、駆逐の憂き目にあった。そのためイギリスではミサゴとオジロワシが絶滅した。今ではどちらもわたしたちのまわりに戻ってきているが、わたしが子どもだったころ、どうしてイギリスではあんなに少ないのに、休みで大陸ヨーロッパに行くとこんなに多いのかとよく思ったものである。イギリス人がごく最近まで、猛禽類は根絶やしにすべき害鳥だと熱狂的に信じていたからなのだろう。ようやく最近になって猛禽類の個体数は復活を見せている。

加えて、アカライチョウ猟場用原野は鳥の生息地として最高というわけではない。アカライチョウが移入されたダートムアの田舎を散歩しても、アカライチョウやハシグロヒタキそれからノビタキは見かけるが、ほかの鳥はあまり見かけない。森林地や農地のほうがよく管理されれば生息する種類は増えるのだが、おそらくそうした原野にするためつぶされてしまったのだろう。

ライチョウ撃ちはスポーツだと言われていたが、そのたどった道にはスポーツとして結構いかがわしいところがあった。ヴィクトリア時代も中頃になると勢子が雇われ、見つけた獲物を簡単に仕留められるように、開けたところに追いだすようになっていた。潔癖主義者からはスポーツの神髄は獲物をよく知り、それを見つけては捕らえるところにあると文句をつけられた――もっとも実際にそんなことをすれば何時間もかかってしまう。

ヴィクトリア時代も末期になるとライチョウ撃ちの数字に不吉な影が差しはじめる――生命に対する無頓着無関心があらわになり、第一次世界大戦の大量死を予感させた。その数字とは一八八八年ワルシンガム卿が一日に仕留めた千七十羽という記録である。

ところでアカライチョウのために猛禽類を駆逐したのはその根拠からしてまちがいだった。エドワード朝時代に――驚くなかれ、議会の委員会で――アカライチョウの主な死因は実はアカライチョウの体内にあることが発見された。それは寄生性線虫 *Trichostrongylus tenuis* で、体内の個体数が一定のレベルに達するとライチョウは死んでしまう。というわけで多くの猛禽類はイヌ死にしたことになる――まちがった相手をいじめてはいけません。ご用心、ご用心。

アカライチョウが独立した種ではなくなったとして、イギリスに固有の種はまだ残されているのだろうか。これもまたどちらとも言えない。イスカ（Crossbill）――まさに「イスカのはしの食いちがい」でくちばし（bill）の先端が上下に食いちがった（cross）アトリの一種――の一亜種が独立した種のスコットランドイスカと呼ばれる栄誉に値する、と現在認定している学者もいるが、一方でこの鳥はイスカの、それどころかその名がひときわ大きなくちばしに由来するハシブトイスカの、一亜種にすぎないと異論を唱える学者もいる。スコットランドの人曰く「こんな話はウィスキーでも飲まなきゃ聞いてられないよ。フェイマスグラウス（ウィスキーの銘柄名「名高いライチョウ」の意）がいいな。」（岩渕行雄）

ワールドリスティング、この不思議な情熱

アカアシイワシャコ

Red-Legged Partridge

アカアシイワシャコ（Red-Legged Partridge 赤い足のウズラ）は王室直々のお招きにあずかってイギリスにやってきた。チャールズ二世が十七世紀にこの見目麗しい鳥を狩猟用としてヨーロッパ大陸から移入したのである。白い顔に赤く隈取りした眼と真っ赤な嘴が、この鳥の好む岩場の褐色によく映える。最初の移入から約百年の間さらに移入が続き、すっかり定着して、今では生息数がイギリス在来種のヨーロッパヤマウズラ（Grey Partridge 灰色のウズラ）よりはるかに多くなっている。もっとも、ややふっくらとした後者も、道路脇の原っぱを結構な速さで走っているのがよく見られる。

しかし、アカアシイワシャコがイギリス人の懐にもぐり込むまでには辛い時期があった。何しろイギリス人ときたら渡来者に慣れるまで数百年かかることもある保守主義者で、ハイイロはアカアシのトリックのとりこになり、とりつく島もなく衰退の道をたどったと――一方の増加と他方の減少にはっきりしたつながりは見られないのに――疑っている始末。

また、アカアシイワシャコは、おそらくクリスマスソング、「クリスマスの十二日（The Twelve Days of Christmas）」で最初から最後まで梨の木にぽつんと一羽止まっている超有名なウズラの正体だと思われる。ナチュラリストは、至極常識的な理由でこの説に肩入れする。イギリスの在来種、ヨーロッパヤマウズラが木に止まることはないのに対して、アカアシイワシャコは、少なくともたまには木に止まる。

現在世界最高のワールドリスター――世界中でいちばん多くの鳥類（一万種のうち約八八〇〇種）を見た――トム・ガリックにとって、この鳥を殺すことが成功の源泉だった。海軍の軍人から一大転身を図ったガリックは、一九六〇年代のイギリスで草創期のパッケージツアーの普及に一役買い、その後スペインへ渡って第三の人生を歩みはじめる――アカアシイワシャコ猟場の経営である。これが毎年だいたい二か月におよぶワールドリスティング旅行の軍資金を稼いでくれた。

男性のバードウォッチャーの中にはリストのオタクになる人がいて、国内、外国、またはその両方で自分が新しく見た鳥を一種ずつ数えてその合計を比べ合う。このヴァリエーションが「バードレース」で、参加するチームはまだ真っ暗なうちから起き出し、一日の間に何種の鳥を見聞きしたかで優劣を競う。イギリスでいちばん人気のある時期と場所は五月のノーフォークで、夏鳥が繁殖相手を求めてさえずるのをたやすく聞ける上に、うまくいけば本来はいないはずの迷鳥もリストに加えられる。ノーフォークはほぼ年間を通してイギリスでもっとも多くの鳥が見られる州だが、ときには細かい計算をするチームが、真夜中にヨークシャーでウミガラスなど海鳥数種の悲しげな鳴き声を聞いてから、タイヤのゴムが焦げる臭いを道連れに高速道路を飛ばし、夜明けまでにノーフォークがあるイーストアングリア地方へ駆けつける。現在イギリスでのバードレースの最高記録は百六十種を超えている。

こうしたイベントは過熱しがちで、いろいろなチームがあの手この手で策を弄するものだから、ときには後味の悪いことも起きる。鳥好きで知られる俳優のビル・オディーは、一九八〇年代に参加したバードレースで煮え湯を飲まされた。彼のチームがたった一種の差で優勝を逃したのだが、その相手チームはコモンクイナ——葦原に棲んで、声はすれども姿は見えないことが多い鳥——を聞くために足を伸ばし、ゴールへの到着が定刻の深夜零時をわずかに過ぎていたという。

人は——とりわけ長く苦しんできた女性たちは——男性がどうしてこんなに見た鳥のリストに執着するのかさまざまに推測する。科学者が言いふらして、ゴルフ・ウイドーならぬバードウォッチング・ウイドーたちに受け入れられている説によれば、男性にはみないくらか自閉的なところがあり、リストへの執着は幸いにも軽くて済んでいる自閉症的な行動である。別の説は、ただ科学的な興味から鳥の生態を観察したり、美しさを愛でるのではなく、リストを一つずつ消していくのは男性のもつ狩猟本能がもう少し高尚になった一つの形だとする。

記録保持者としてバードウォッチング界でちょっとした有名人になったガリックは、その原動力を訊ねられると、よどみなく答える。「動機はかなりの部分、高尚に形を変えた狩猟本能ですが、それほど変わったわけでもない。何しろウズラの猟場も経営しているくらいで、狩猟本能は相当強いのです。」美しい鳥を見るのは楽しいでしょうと水を向けられたときには、「美しいものを見る楽しさはあまりないですね。楽しいのは困難な目標を立ててそれを達成すること。探していた鳥を見たときの感動です」と言っていた。

では、ワールドリスティングのチャンピオンになるためにはどんな戦略が必要だろうか。まず、限られた地域にしかいない鳥が棲む辺鄙な場所へ行くために、かなりの資金がなくてはならない。多くのワールドリスターは、一度に一つの大陸に集中した方がいいとアドバイスする。世界中の鳥がどんな姿をしているか、全部頭に入れておくのは不可能なのだ。優秀な現地ガイドも要る。特定の鳥を見つけるのは絶対に彼らの方がうまい。それに加えて、生まれつき持っていてもそうでなくても、技術が必要なことは言うまでもない。ワールドリスターには鳥だけでなく、人や場所についての記憶力が欠かせない。

ワールドリスティングはまだかなり新しい競技である。本格的に始まったのは一九七〇年代で、やっている人はほんの一握りしかいない。それでも一時期、これはバードウォッチングが次に進むべき道の一つだと思われていた——一九九〇年代にメディアが盛んに取り上げた「地球村」現象の鳥類学版というわけだ。しかし、環境保護運動の台頭とそれに並行する「環境に優しい生活」への渇望はどうやらワールドリスティングに引導を渡したらしい。鳥を求めて世界中をジェット機で飛びまわれば、とんでもない量の二酸化炭素が放出される。結局、ワールドリスティングは、一時的現象だったということになるのかもしれない——つまり自然を愛する人たちが国際的な考え方をするようになってから始まり、そのすぐ後、国際的な環境意識がじゅうぶんに発達するまで、ほんのつかの間の存在だったと。

ガリックがお気に入りの鳥は何かって？　彼はアカアシイワシャコを挙げる。金の卵を産んでくれたウズラである。

（小川昭子）

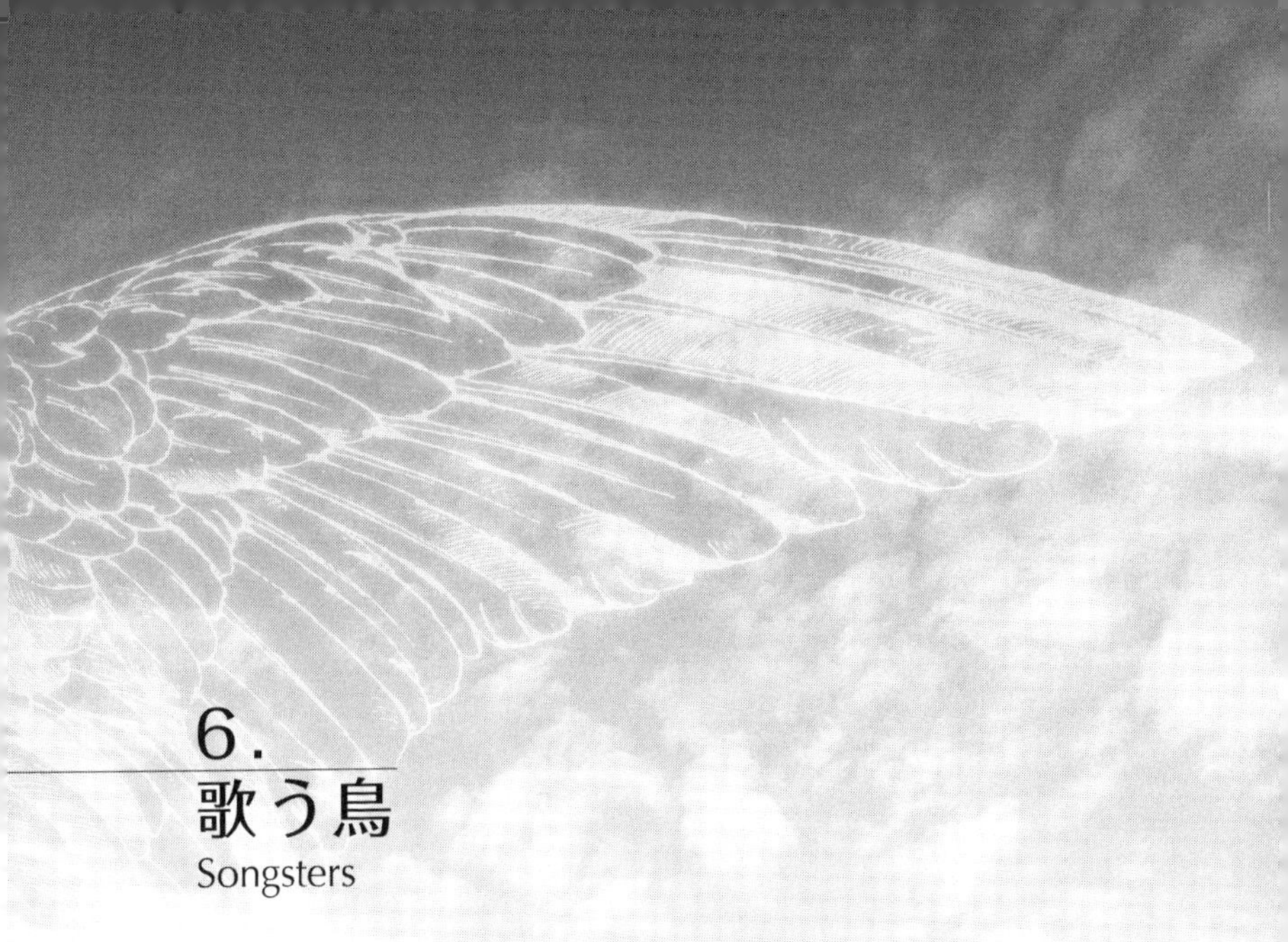

6.
歌う鳥
Songsters

ナイチンゲール

NIGHTINGALE

地味なラップにすてきなスイーツ

ナイチンゲールほど苛立たしくしかも愛らしい鳥がこの世にいるだろうか？

まず、ナイチンゲールの美点を考えてみよう。ナイチンゲールの雄は（たいていの鳥と同じく、さえずるのは雄）おそらく世界一歌の巧みな鳴鳥だろう。その声は（ヒバリほど）楽しそうではないし（ズグロムシクイほど）オペラ歌手のような力強さもない。また、（クロウタドリほど）息が長く続くわけでもない。そのかわり優れているのは、ちょっと物悲しい主題の変奏曲を延々と続ける点である。ナイチンゲールの歌は、ただの一節として十分前のものと全く同じではないし、十分後もどこかちがっている。

ナイチンゲールの歌はロマンティックな愛を連想させ、そのわけも容易に見当がつく。そのさえずりがうかがい知れぬ恋心のほろ苦さ悩ましさを如実にとらえているのである。ほかの鳥が寝静まっている夜にさえずる習性も、ナイチンゲールを恋人のための鳥、恋人の時間の鳥とするのに役立っている。

ナイチンゲール

十九世紀のイングランドの詩人でバードウォッチャーの先がけでもあるジョン・クレアは、ナイチンゲールが同じ夜の国の住人に及ぼすロマンティックな効果に気づいていた。あるとき「ナイチンゲールの美しいさえずりに惜しみない賞讃」を与えているカップルを見たそうだ。ふつうなら心を動かされるところだが、あいにくクレアは鳥のさえずりをよく知っていて、それがツグミだったと嘆いている。何世紀にもわたって人びとがナイチンゲールなどいもしないのにその声を聞いたと思いこみ、ロマンティックな気持ちになっている、と文句を言ったのはクレアが最初ではないし、もとより最後でもない。

クレアはすぐれた詩人にはちがいないが、どちらかというといじわるじいさんのようなおもむきで、ジョン・キーツが一八一九年に書いた有名な「ナイチンゲールに寄せる歌」についても、自然をありのままでなく、自分好みに描いていると批判している。ただクレアのために公平を期せば、たしかにキーツはその詩で鳥類学上の重大なまちがいを犯している。ナイチンゲールが飛び去りながら鳴いているというが、ナイチンゲールは飛んでいる間は決して鳴かない。鳴いていれば、バードウォッチャーがナイチンゲールを見つけるのに助けになるどころか、なりすぎて困るくらいだろう。

ここからナイチンゲールの苛立たしい側面へと話はつながって行く。ナイチンゲールを見つけるのはとんでもなくむずかしい。バードウォッチャーは何時間も繁みをじっと見つめて、現われるのを今か今かと待っている。こんなふうにこそこそと逃げ隠れる習性はそう珍しくないのかもしれない——ほかの鳥でも同じようにふるまうものが少なくないし、もっとひどいのもいる（アンダルシア・ミフウズラを探してみればいい。それもご当地で）。しかしナイチンゲールが特別なのは、雌の気を引こうとする春の求愛期間でさえ、あまりさえずらない点である。初期のBBCラジオで生放送されたチェロ奏者のベアトリス・ハリソンとナイチンゲールのあの有名な二重奏を、つむじ曲がりは本物とはとうてい信じられないと公言していた。一九二四年のどこから見ても斬新奇抜な最初のレコーディングは国民を一つにするほどの感銘を与え、人びとは表の扉を開け放って隣近所にも演奏が聞こえるようにしたという話だが、それは

それとして、そこにはナイチンゲールがきちんと予定通りに仕事をしてもらえる歌手ではないことが示されている。子どもや動物と共演するな、と芸能界で言われている。ナイチンゲールとも共演するな、である。ナイチンゲールは鳥類界のプリマドンナで、あてにならないのが有名なマリア・カラスを彷彿させるほど強情なところがあり、ちゃんと登場して歌ってくれるかどうか完全には信用できない。姿を見せない習性に加えて、個体数も少なく、ヨーロッパでは百万つがいに達するのにくらべ、イギリスでは七千を下回っている。

しかし言うまでもなく、ナイチンゲールがイギリスで高く評価される理由の一つがそのとらえにくさにある。ナイチンゲールを聞くのはむずかしい。だからこそそれが大切にすべき貴重なほうびになる。また声を聞くことがいちばん大事――姿を見ることよりよほど大事である。体ときたらくすんだ茶色で、これはと思うのは人目を引く赤い尻尾だけときている。クレアは、ナイチンゲールを見たくてずいぶん時間を費やしたのに、その割に見返りが僅かだったことを皮肉っぽく書いている。自身の「ナイチンゲールの巣」という詩で、現代の多くの自然愛好家と同様にナイチンゲールを見つけようと「方々を探した、何時間もいたずらに」と認めた後、次のようにしめくくっている。

……その評判を思えば
驚くばかり。かくも名のある鳥が
粗末な茶色の衣しか纏わぬとは

それでもクレアはこの鳥にそれなりに魅了されたようで、ささやかながら詩をいくつかものしている。

しかし、キーツには鳥類学上のあやまりがあるものの、「ナイチンゲールに寄せる歌」は最良の詩と言ってもいい。彼は自然を鑑賞することに深い理解を示している。それは時を問わない深く民衆に根を下ろした喜びであると。人生で最良のものとは誰でも手に入れられ、はるかな昔からあるもので、鳥の囀りもその一つ。キーツに言わせれば、

今宵束の間の一ときに、私が聴く声は、
その昔皇帝や道化が聴いた声

これがロマンスのみならず普遍的な人間の平等を描いた詩であるとすれば、あまりロマンチックな所ではないにせよ、パブの庭で書かれたことは、なるほどぴったりと言うべきかもしれない。

（金澤寿男）

ムネアカヒワ
LINNET

ワーズワースより上か

アトリの一種ムネアカヒワの雄は姿形がよく、やや華奢で、夏羽は胸が赤く頭部に小さな赤い班がある。魅力的なさえずりは止めどなく続き、前衛的なジャズバンドのボーカルを思わせる。イギリスでは今でもわりとよく見かけるが、ここ数十年来ゆるやかに減っている。イギリス中が過度の景観美化熱に取りつかれ、生垣を刈り込み、やぶを取り除いた結果、森林地帯の端によくある開けた土地と低い植生からなる風景があらかたなくなってきたからで、そうした風景をこの鳥は好むのである（過度の美化が鳥のためにならないことを詳しく知りたい方は〈アマツバメ〉（353頁）を参照）。しかし要注意。この鳥の複雑な、縞のある羽毛をもっとよく見ようと近づくと、アトリの飛び方、例の波状飛行で逃げてしまい、見ているとすぐどこかに止まるように思える――が、期待はおおむねはずれで、そうはしてくれない。ムネアカヒワはかわいらしくも臆病な鳥なのだ。

姿形も美しく歌もうまいとなれば鬼に金棒、長年にわたり愛玩鳥として人気がある。家賃が払えず夜逃げする家族を歌った古いミュージック・ホールの流行歌「マイ・オールド・マン」では、妻は「雄のムネアケーシワをしきつれ」ついていく。もっと高尚な世界でも、この鳥には長年にわたり多くの詩的な情熱が注がれているが、詩のミューズたるムネアカヒワにとって生涯最良の時は、ワーズワースがこの鳥に魅惑された時にほかなるまい。

本。それは退屈で果てしない苦しみ。
さあ、森の胸赤ひわの声を聞こう。
その調べの何たる美しさ。誓って、
そこには本に勝る智慧がある。

ワーズワースは一七九八年に痛烈な非難の詩「潮の流れは変わった」でこのように書き、文明のもたらす危機に警告を発しつつ自然と密接に調和した生活を求めている。

この考察にはなんとも心惹かれる。霊感に満ちた自然の音に囲まれ森を散策するほうが、何百時間も本に向かって勉学に励むよりよほど多くの智慧が得られると見通している。本での勉学など所詮、金と地位を目指す出世競争で優位に立とうとする努力にすぎず、言い換えれば、その競争はワーズワースが別の詩で喝破しているように「手に入れて使い果たす」ことにほかならない。そのかわりにワーズワースは、「潮の流れは変わった」で、自然の「ありのままの富」——金では買えない鳥の鳴き声、ひいては自然一般の喜び——をすすめてくれる。ワーズワースにとって人生の真の知恵は自然に忠実に寄り添うことにあり、学習と習得に溺れた生活、二十一世紀の子どものように、しかるべき大学に入り金満銀行家になるんだよ、と学校でいい成績をとるよう親にせかされる生活にはない。

しかしこの二百年間こまっしゃくれた子どもは、ワーズワースを教わるとその自己矛盾をあげつらう。自然がそんなにすばらしいなら、教室の中でワーズワースなんか読んでないで、外でムネアカヒワのさえずりに囲まれ遊んでいちゃいけないんですか、と。

自然を愛する詩人のために弁ずれば、その人たちの多くは人間の言葉が自然の、とりわけ鳥のさえずりの美しさを、余すところなく伝えるのは不可能だ、と痛切に感じている。古代ローマ人が宴でナイチンゲールの舌をふるまったのは、世界一鳴き声の美しい歌い手さえも支配下にあることを強調するためだったが、これではナイチンゲールには人間にはめったに見られない歌の才能があるのを強調することにしかならなかった。シェリーの「ひばりに寄す」(一八二〇年)は千五百年後に書かれ、鳥の鳴き声の喜びを讃える詩ではキーツの「ナイチンゲールに寄す」と第一位の座を争っているが、シェリーの詩はどの詩人も——もちろんヒバリについて書いている詩人を含め——この鳥ほど巧みに感情を伝えられないことを束の間嘆いている。ワーズワースが死ぬ一八五〇年の六年前、一八四四年に生まれたロバート・ブリッジズはこの湖水詩人の伝統を引き継ぎ自然詩を書いたが、「ムネアカヒワ」を歌った短い四連の詩では、自分の詩が「事実をゆがめて伝え」この鳥の歌の美しさを十全に表わしていないのではという懸念にその多くを費やしている。Angst(不安)

は心理状態ではなく、ドイツのセンターフォワードだと思っている悩み少ない人が読めば、「そんなことは忘れてその鳥を描くことに全力を尽くしたら――うまくいったかどうかはこっちで決めてやるからさ」とでも言いたくもなるだろう。しかしこの悩み多き詩は悩み多き時代に書かれている――これから、鳥の歌声の解釈が時代の気分を反映していることがわかる。

人びとの気分を暗くさせる社会の風潮のせいだろう。アメリカの詩人ウォルト・ホイットマンがワーズワースの死のおよそ百年後「リンカーン大統領を偲んで」を完成させたときには、鳥の歌声が喜びではなく、悲しみの象徴に変わっていた。ホイットマンは、近代的な戦争の先がけのひとつ、終結前には塹壕戦の悲惨な日々が続いた南北戦争をその目で直接見ている。チャイロコツグミはツグミ科のほかの鳥と同じく笛を吹くような心地よい声で鳴くが、この詩では「出血するのどが発する鳴き声」になっていた。

ひょっとしたら二十世紀に公にされた鳥の鳴き声を歌った詩で一番有名なものが、ワーズワースの賛美とホイットマンのペシミズムとの間で（多少幸せのほうに傾いているが）ちょうどほどよいところをいっているのではないだろうか。その詩は、鳥の鳴き声はやはり慰めになる――たとえ一瞬だけだとしても――とそれとなく言っている。作者エドワード・トマスは第一次世界大戦が迫る一九一四年六月の汽車の旅を綴りながら、コッツウォルズにあるアドルストロップという辺鄙な村に一時停車した穏やかなひとときを懐かしげに思い起こす。

［…］そのひととき近くからくろうたどりの声が、その周りから、もやが深まる中を、ますます遠くから、オックスフォードシャー、グロスターシャー中の鳥の声が響いていた。

ワーズワースのファンならば、その声の中にムネアカヒワがたぶん含まれているはずだ、と気づいてうれしくなるだろう。今では廃屋となった駅の周囲のやぶは、ムネアカヒワにしてみればこの上ない縄張りではなかろうか。

（岩淵行雄）

鳥と原発、そして温暖化

クロジョウビタキ
BLACK REDSTART

人類は、一部の鳥に大惨事をもたらすことによって繁栄してきたが、同様に歴史のさまざまな時点で、人類がこうむった惨禍をこれ幸いと繁殖に利用した鳥もいる。

雄のクロジョウビタキは、冷え冷えと青みをおびた黒い鳥で、冷え冷えとほの暗い土地で繁殖する。声はそれなりにきれいで、ごく短い節を歯切れよく歌い、ヨーロッパカヤクグリ（イギリスでは庭によくくる鳴鳥の一種）の抑えた歌いぶりを思い起こさせる。ひとつ申しわけのように色がついているのは、絶えず震わせているまっ赤な尾羽で、この鳥の英語名（Black redstart）の"start"は、尾羽を意味する古英語に由来する。イギリスでクロジョウビタキを見るのにいい場所のひとつは——本当にそこに行きたいとお望みならばの話だが——ケント州にあるダンジネス原子力発電所の外壁である。発電所自体は、見わたす限り荒涼とした砂利浜のまん中に建っている。この砂利浜は広さが世界最大級で、横断するにも、一歩進んでは二歩さがるような感じがする。クロジョウビタキの観察に飽きたらカモメやアジサシを見に行ってもいい。これまた足元の不確かな浜を首尾よく踏破できればの話ではある。この鳥たちは、原子力発電所の温水が排出されている場所で餌を漁っている。暖かい水が魚を誘い、魚が鳥を誘うのである。

クロジョウビタキは、ほとんどの人間が避ける場所でひなを育てるのを好む。初めてイギリスに住みついたのは一九四二年で、ドイツ空軍の電撃的集中爆撃で荒廃した都市のあちこちに巣を作った。戦禍をこうむった都市が、ヨーロッパ本土の生息地の岩場によく似ていたからだった。

ソリハシセイタカシギは黒白の優美な鳥で、浅い水中で餌を漁る。"avocet"という英語名は、かつて弁護士(advocate)が黒い縁なし帽をかぶっていたことに由来し、やはり戦争のおかげをこうむっている。一八四〇年頃には生息地を失ってイギリスから姿を消していたが、ドイツ軍の侵攻を阻止しようとイギリス陸軍が水を引き入れて沼沢地にした地域で、まず定期的に繁殖を再開した。ここが申し分のない生息地になったのである。

ウクライナのチェルノブイリ原子力発電所周辺の立ち入り禁止区域さえ、一九八六年に住民が避難して以来、鳥の安息の地になった。とりわけ、イギリスのフクロウよりはるかに大型の猛禽であるワシミミズクが、この地域で繁殖している。

死肉をむさぼるハゲワシと同じように——現に一八七九年、イギリス軍最悪の惨敗の地、南アフリカのイサンドルワナで、ハゲワシが死体をむさぼり食っていたという事実があるが——もし鳥が人類の不幸だけを餌にするとしたら、人類にとってあまり結構な話ではない。

しかし、ある種の鳥は、人間が戦争や災害のためにやむなく放置したあげく、荒れるにまかせた地域でしか繁殖できないのだろうか。

わたしたちは、貧しい国の住民が絶滅危惧種を採るとあしざまに言うが、この人たちが腹ぺこで、しかも十分な金がないから、食べ物を手に入れるには自分で身近の獲物を捕えるほかないことを忘れている。もし地元の自然環境保護論者が、同じように肉のついた、別のもっとありふれた鳥を捕えるように頼んでも、よくて不思議そうな顔をされるのが落ちだろう。逆に、多くの物質的な富は、鳥の快適な生息地をコンクリートで覆ってしまうなど、地球の資源の持続不可能な収奪にもとづいていることがありはするものの、豊かであれば、人びとは環境保護の必要性をいっそう認識するようになるということもある。いったん基本的な要求が満たされると、他の生物のことを考える余裕が生まれるのだ。比較的豊かなアメリカや北ヨーロッパは、世界でもっとも環境保護が進んでおり、自然保護区が一般国民の寄付で運営されている。またこうした豊かな国では、人びとが冬に鳥に餌をやるなど、もっと直接的に自然保護を支援している。

中国は、まさしく猛烈な経済成長を遂げているが、今は鳥のためにはおそらく最悪の危機的段階にある。中国が鳥の保護と工業発展のどちらを選ぶかという問題にぶつかったら、ほとんどいつも鳥に勝ち目はない。揚子江に巨大な三峡ダムが建設されたために、世界でも絶滅危惧種とされているシベリアアツルの大半が生息していた湿地帯が干上がってしまったばかりか、揚子江イルカもおそらく最後のとどめを刺されたと思われる。中国は、別種のツル、オグロツルのために、草海《ツァオハイ》の越冬地に水を引き入れ、自然保護区に指定して保護してやっていると弁明するかもしれない。しかし、ここはそもそも見捨てられた土地で、農地にしようとして失敗し、ツルの餌場に返されたのだから、この先どうなるか知れたものではない。

しかし、中国でも、明るい兆候が見える。香港の鳥の生態は、香港に住む西欧人のバードウォッチャーによってきめ細かく記録されてきた。現在香港在住の西欧人の人口は減少の一途をたどっているが、中国人のバードウォッチャーは増えてきており、西欧人に取って代わる

いきおいである。これは、中国の一部に富裕層が形成されはじめ、趣味としてのバードウォッチングにはずみがついていることを示すものだろう。

しかし、地球温暖化による気候変動を招くことなく、世界全体を豊かなものにすることが可能かどうかという、莫大な金のかかる問題には、依然として答が見つかっていない。この気候変動は鳥にとって――ダンジネス原子力発電所から排出される温水に喜んで群がるカモメやアジサシにとってさえ――最悪の事態だろう。発電所の近くでは、まるで人類がこれから描く鳥の未来図を案じているかのように、クロジョウビタキがまっ赤な尾羽を神経質にピクピク震わせている。

（菅原英子）

ウタツグミ

SONG THRUSH

なぜ二度鳴くの？

ウタツグミは、うわべは美しいが実はひそかに破損が進んでいる中国の紫禁城とは正反対で、そばに寄ってみるまではあまりパッとしない。背中はぼやけた褐色だが、近くで見ると、胸にはけっこう目を引くまっ黒な斑点がある。まるで、北京の紫禁城では禁じられている塗料が、ウタツグミの胸に塗りつけられたように思える。

ウタツグミには、何でも二回（しかも大声で）歌うという奇妙な習性がある。大事なことをくり返して、完全にはっきりさせようとでもするかのように、何もかも二回歌う。ヴィクトリア朝の詩人ロバート・ブラウニングは、「国を離れて故郷を思う」のなかで、自分がこの習性に心惹かれていることを明かしている。

あれは賢いツグミ。同じ歌を二度歌う。
ふと歌った喜びの調べを

繰り返すことはできないと、思われないように。

ブラウニングは、この鳥に魅せられたイギリスの詩人の長い系譜のなかで、最後尾に連なるにすぎない。十八世紀の詩人トマス・チャタートンは愛人の死を嘆いて、「あの人の言の葉はウタツグミの歌声のごとく甘く」と歌い上げているが、ただの憶測にせよあえて言ってみれば、彼の愛しい人は、ウタツグミばかりでなく、かなり自負心の強い芸術家肌の人物とも共通点があって、自分の言葉をくり返す癖が身についていたのではなかろうか。ところで、もし皆さんの恋人がメイヴィス(Mavis)という名前なら、それがウタツグミ(Song Thrush)の古い呼び名とわかれば興味を持たれるのではないでしょうか——ちなみにロバート・バーンズは「聞け!ウタツグミ（the Mavis）の歌を」とこの鳥を褒め称えています。かりにご自分の名前が——ウタツグミの歌をよしとしてか、それとも、何かもっとセンチメンタルな理由で——メイヴィスだったとしたら、それが気に入らなくても、とにかく感謝なさるに越したことはありませんよ。少なくともスラッシュ（英語のThrushには「口腔カンジタ症」という意味もある）なんて呼ばれずにすんでいるわけですから。

ウタツグミを弁護するならば、いやしくも歌うに値するものは、くり返し歌うだけの価値がある、と言うこともできる。たしかに鳴き声は美しい——クラリネットの音色で、絶えず変化する震え声。実はそのために難問が生じる。春の「ある晴れた日に」、声高くこのツグミがつぎ目なく歌を紡ぐのを聞くと、オーストリアの動物行動学者コンラート・ローレンツの有名な言葉を思い出さずにはいられない――鳥の鳴き声は「必要以上に美しい」。（鳥類の本能的行動をテストするためにローレンツが行なった独創的な実験に関しては、〈セグロカモメ〉（51頁）を参照のこと）。雄のウタツグミは雌に自分の存在を宣伝するのに、もっと地味なやり方ができるだろうに。鳴き声を出せば捕食者を引き寄せる心配はあるし、餌を食べる時間も減るし、そんなに騒々しく鳴くことはないんじゃないか。さらに言えば、進化論上どんな理由でウタツグミは、これほど念入りで長々と続く鳴き声を持つようになったのか。こんなふうに鳴くのには時間がかかり、その分、捕食者の注意を引くことになるのは確かなんだから……

　ローレンツの出した難問は、「ザハヴィのハンディキャップ理論」†によって答を得た。一九七〇年代にこの概念を考え出したイスラエルの科学者ザハヴィにちなんで名づけられた理論である。ザハヴィのハンディキャップ（鳥の非適応的形態）は、鳥類の行動に見られる他の多くの現象と同じく、人は鳥を観察することによって、自らについてもどれほど多くを学べるかを示した格好の例だろう。ウタツグミの習性は、人間の「派手な金遣い」の鳥ヴァージョンである。高級紳士服店が軒を連ねるロンドンのサヴィル通りであつらえたバカ高いスーツを着ていれば、自分が湯水のごとく金を使える大金持ちであることが証明される――だから、物にしようとしている相手が産む子どもを養うくらいの金は余るほどあるということになる。ウタツグミの場合は、とりわけ巧みで変化に富んだ、すてきな鳴き声を持つ鳥が雌の気を引く。つまり、自分が遺伝的に優秀な素質を授けられていて、鳴き方を習うのに長時間かけて苦労するのも平気だし、その上自分の餌だって充分見つけられる、と知らせているわけである。雄が優秀な遺伝子を持っているとなれば、雌はその雄とつがって、自分の生む子どものためにその遺伝子を獲得しようとする。これは、ある種の鳥が、雌は惹きつけるがふだんの生活ではじゃまになるような、長い尾を持つ動機にもなっている。大洋を渡るトウゾクカモメの雄はこのジレンマに完璧な解決法を見いだした——つがいの相手を見つけると、自分の嘴で尾羽をむしり取って、トウゾクカモメ特有のザハヴィ・ハンディキャップを取り除いてしまう（トウゾクカモメのもっと卑劣な習癖に関しては〈オオトウゾクカモメ〉（41頁）を参照のこと）。

ザハヴィはクジャクを例に使った。クジャクの雄は滑稽なほど大きな尾を持っていて、日常生活ではひどくじゃまになる——しかしそれが大事な点なのだ。ザハヴィはさらに、アラビア・ヤブチメドリの興味深いケースも引き合いに出している。この鳥は、ザハヴィのいわゆる「愛他主義」の行動をとる。自分の餌を探しに行くより、群れを守るために進んで護衛の役目を引きうけ、必死にがんばる。理由は、そのほうがたくましく見えるから。

ウタツグミの鳴き声はどれも大体同じように聞こえるから、もう互いの間の競争は行き詰まりに陥り、ある鳥が他の鳥より優位に立つことなどなくなってしまったのではないかと疑ってかかる人もいるかもしれない。そうするとウタツグミのほうからは、人間の声はどれもほとんど同じに聞こえると反論してくるのではないか。たしかにウタツグミにとってはそうだろう。テレビキャスターの立て板に水を流すようなおしゃべりと、パブでいささか飲み過ぎた男の、ろくすっぽつじつまの合わない話し声との区別もつかないにちがいない。実際はウタツグミの声も、人間の声と同じように変化に富んでいる――その点他の多くの鳴禽類も変わりはない。

おおざっぱな目安で言えば、年とった鳥ほど若い鳥より歌がうまい。幼鳥は約一月で一通りの鳴き声を覚える。しかし多くの証拠の示すところによると、ウタツグミのような鳥は幅広くいろいろなメロディを身につけていて、年とともにその数を徐々に増やしていくらしい。といっても、そこまで生きのびられればの話で、鳴禽類の大半はそんなに長生きはできない。

鳥類には方言があることにも科学者は気づいている。ヘブリディーズ諸島に住むウタツグミの亜種は、イングランド育ちの同類とは鳴き方がちがって聞こえるという。これはそうびっくりするようなことではない。ヘブリディーズ生まれのウタツグミは見た目からして少々ちがっている――背中がよそのウタツグミよりも黒っぽい。これは、この亜種がちがう種に進化しはじめたことを示している。そのために他と異なる鳴き声を持つ傾向が強まったのである。小さな島で暮らす鳥たちはあまり冴えない鳴き方をすることが多い。おそらく、よその鳥と比べて同種の仲間たちの鳴き声を耳にする機会が少なく、手近な教材が乏しいということだろう。

鳥がたがいに鳴き方を習う、と言ったらあまりにもとっぴに聞こえるかもしれない。しかし、オーストラリア・コトドリについて一つ忘れられない逸話があって、それがこの説の正しさを実証してくれる。一九三〇年代のこと、ある農夫がコトドリをペットとして飼っていて、いつもフルートを吹いて聞かせていた（たぶん「籠の鳥」にしか聞いてもらえない程度の腕前だったのだろう）。特に熱心に吹いたのは「キール・ロウ」（タインサイド地方の民謡で、貧しい白人入植者によってオーストラリアに伝えられた歌）など、古くから伝わる力強い歌だった。コトドリは飼い主の歌をまねしはじめ、ほかのコトドリはそのコトドリの歌をまねた。七〇年後には、オーストラリアのコトドリは数十キロ離れたところでも、「キール・ロウ」やタイン川流域の人たちが古くからなじんできた歌の数々を唱っていた。

離島に住む鳥は歌オンチだとして、正反対の環境で暮らす都会の鳥はどうなんだろう。それが、うまいのなんの。近頃イギリスのマスコミは、都会の鳥の鳴き声がだんだん大きくなっているという最近の調査結果にショックを受けた。ますますひどくなるバックグラウンド・ミュージックならぬバックグラウンド・ノイズに自分の声が消されることなく、ちゃんと聞こえるようがんばっているのである。なかには大きいだけでなく、一段と長い音、高い音で鳴く鳥もいる。自分を取りまくしっちゃかめっちゃかの喧騒のなかで、「我ここにあり」とはっきり知らせたいのだろう。わたしにとって、こんなことはまったく驚くに値しない。鳥がこのように周りの環境に適応できるなら、将来も、人間に強いられた別のやり方で環境の変化に適応できるだろうという確信は強まるばかりである。いずれにせよ、大都市で大声で鳴く鳥は人間と少しも変わらない――ニューヨーカーの話し方を地方の住民と比べたらすぐわかる。都会暮らしなのに声高に唱わないツグミなんて「大馬鹿三太郎」

だと、ビッグ・アップルの住人は言うだろう。

† 一九七五年にイスラエル人の生物学者アモツ・ザハヴィによって提案された、動物の非適応的な（個体の生存の可能性が減少するような）形態や行動の進化を説明する理論

（横堀冨佐子）

熱愛されるガキ大将

（ヨーロッパ）コマドリ

(EUROPEAN) ROBIN

イギリス鳥類目録には、イギリス諸島でこれまでに見られた鳥がもれなく記載されている。執筆時点での記載数は五百九十二種に上り、毎年一種か二種——シベリア、北アメリカなど遠隔の地からの迷鳥——が追加される。

ところで目録の先頭にくるのはコマドリ（厳密にはヨーロッパコマドリ）で、およそ四十年の差でクロヅルに先んじている。だいたいスコットランドの聖人は影が薄いが、中でも影が薄い聖サーフという聖人が、五三〇年頃コマドリを飼っており、それが冷酷な弟子に殺された、という記述が修道士の年代記に見える。これがイギリス史上最初に記録された鳥である。おそらくコマドリがイギリスでいちばん人気のある鳥であることを考えると、目録の先頭を飾るというこの栄誉はいかにもふさわしい。とはいえイギリスで最初に出てくる話でいじめられるのがコマドリとは、コマドリがイギリスの鳥類随一のいじめっ子であることからして、皮肉としか言いようがない。五三〇年にいじめられたことを根に持って、それ以来ずっと「この恨み晴らさでおくべきか」というわけか。

ではなぜこのいじめっ子が――一九六〇年の人気投票でイギリス一の人気鳥と宣せられたように――こんなに愛されているのだろうか。もちろん、イギリスの鳥の知られざる生態がもっと知れわたれば、たぶん人気鳥もちがってくるだろう。たとえば、一度つがいになると一生相手を変えないことから、まさかまさかでカツオドリの人気が急上昇し、がめついやつをけなしてgannet（カツオドリ）というようにものすごい食欲の持主という印象が強いこの鳥が、コマドリよりも熱愛されるようにならないとも限らない。

しかしコマドリは、カツオドリよりも派手な色をしている。顔がピエロの化粧顔を思わせる大きな海鳥なんぞ屁でもなく、胸が鮮やかなオレンジ色をしているため、身近な鳥の中ではいちばんかわいい。それなのになぜ愛称がロビン・オレンジブレストではなくロビン・レッドブレストなのだろうか。それはこの名前が初めて現われたとき、オレンジそのものがなく、したがってオレンジ色という色もなかったのである。色を意味する「オレンジ」という語は十六世紀になって初めて西洋の言語に出現した。

鳥類では珍しいが、雌も雄と同じく鮮やかな色をしている――おそらく多くの鳥と異なり、雌も冬のあいだは安定した餌の量を確保するため独自の縄張りを持ち、オレンジ色は目立つから「ここはわたしの縄張りよ」と侵入者向けに警告する役割を果たすからだろう。

コマドリが愛されるのは――庭仕事に使っている手押し車にとまったり、ピクニックに行くと寄ってきたり、ドアが開いていると時おり家の中に入ってきて挨拶したりと――人間が大好きなように見えるからである。しかしコマドリがこうしたことをするのは、ほんとうに人間が好きだからではない。人間のことを、餌となるミミズを掘り起こしてくれるブタとか、そんな大型の動物だと思っているからである——庭いじりに熱心な人なら、たしかにその通り。イノシシがいる大陸ヨーロッパでは、地虫を探して土を掘り返すイノシシの後ろに、たいていコマドリを見ることができる。典型的な寄食行動である。

クリスマスとの結びつきもコマドリに対する親近感を高めてくれる。しかしなぜ、とりわけコマドリがクリスマスにそんな主役を演じているのか、多くの推測が飛び交っている。単純に美しさから考えると、オレンジ色の胸は雪によく映え、クリスマスカードによく似合う。もっともイングランドの雪の情景は、コマドリの人なつっこさと同じくらい想像の産物である。また、郵便屋さん——クリスマスカードを配達する人——とのつながりからきているのかもしれない。昔は鮮やかな赤の制服を着ていたため「ロビン（コマドリ）」という変わったあだ名で呼ばれていた。それから、体の一部が目立つ赤やオレンジ色をしているヨーロッパの鳥は、その色がキリストからこぼれ落ちた血に由来するという伝説を介して、キリストと結びつけられることがよくある、と言ってまちがいない。コマドリは耳元で歌って十字架にかけられたキリストを慰めたというし、ゴシキヒワとイスカもキリストの受難にまつわる説話を通してイエスと結びついている（キリスト教で、ゴシキヒワが何を象徴しているか、詳しく知りたい方は、〈ゴシキヒワ〉（185頁）を参照）。

それではなぜコマドリはそんなにいじめっ子なのか。その原因は、強迫的なまでの縄張り意識にある。そのために、時には自分より大きい他種の鳥のまわりを走りまわりながら、カッカッと叫んで脅かす。わたしたち人間には大して恐ろしく聞こえないが、こっちがコマドリほど小さかったら、さぞ恐ろしく感じるだろう。このことから、なぜつがいより大きな群れを見ることがないのかがわかる（つがいになるのも繁殖期だけ）――餌取り競争になってほかのコマドリに邪魔されたらコマるからである。

縄張り意識は、なぜコマドリがあれほど熱心にさえずるかの説明にもなる。ほかの鳥は主として求愛している春の朝にさえずる。ところがコマドリは冬でも鳴き声が聞こえ、夜でも閉店時間にパブを出る浮かれた酔っぱらいに挨拶する。ややゆっくりで物憂げな、とはいえ美しい独唱は、人間の酔っぱらい行動を悲しげに「いけないよ」と言っているように聞こえなくもない。ワーズワースは、詩人としても鋭い自然観察者としても、その歌をよくとらえ、「トロサクス」で次のように描いている。

> 赤い胸をしたもの悲しげにさえずる鳥が
> その格言を天から教えられた調べで甘美に歌い
> その年をあらゆる憂きこととともに眠らせる

コマドリはどこにでもいて、いつでも美しくもの悲しげに歌うので、大衆向けのナイチンゲールといった存在になっている。とはいえそのさえずりはナイチンゲールほど変化に富むものではない――そのことから、このけんか好きな鳥がなぜ人間に愛されていながら、詩の題材としては何百年もの間ナイチンゲールの後塵を拝してきたか、そのわけがわかる。しかしコマドリが絶えずさえずりたい――それもできるだけ大きな声でそうしたい――という気持ちにかられるせいで、最近歴史の一ページに、それにまつわるちょっとした脚注が書き加えられた。新たな連立政権にぜひとも必要な和やかさを醸し出そうと、保守党の新首相デイヴィッド・キャメロンと自由民主党の副首相ニック・クレッグがダウニング街十番地の庭で、歴史的な会談を行なったときのこと、大声の鳥が大物ふたりの発言をかき消しているが、何という鳥だ、と問い合わせが相次いだ。もちろんコマドリだった。

（岩淵行雄）

十字架を負うキリストを慰めた鳥

ゴシキヒワ

GOLDFINCH

イギリスの画家ウィリアム・ホガースは、自分が身を置いた十八世紀イギリス社会のモラル――というかその欠如――を暴いた容赦のない諷刺的絵画でよく知られている。

しかしホガースには、それ以上に人の胸を打つ絵を描く才能もあった。とりわけ感動的な作品は、ロンドンのテート美術館収蔵の肖像画『グレアム家の子どもたち』（一七四二年）で、この絵は古典絵画に描かれているさまざまな鳥が何のシンボルかを知ってはじめて理解できる。

現代の肖像画好きの人にとって、これは、くつろいだ雰囲気のあどけない子どもたちの絵に見える――かわいらしい。が、それ以上ではないだろう。生きる喜びに溢れた幼児を含む四人の子どもは、幸せそうに顔を輝かせている。ネコは鳥かごのゴシキヒワを横目でうかがっている。かわいい。

しかし、当時の絵画では、小型の鳴鳥は幼い子どもの魂のシンボルだったことを知っていれば、この絵はちがって見える。作品が描かれたとき、ゴシキヒワで象徴される幼児は死んでいた。これは、子宝に恵まれて誇らしい両親の依頼で描かれた肖像画ではなく、追悼の絵である。

ゴシキヒワは、古典絵画でもっとも多く描かれた鳥で、それにはキリスト教の図像学にもとづいたれっきとした理由がある。この鳥の顔の赤い羽毛とアザミの種子を好んで食べる習性は、茨の冠を被せられ十字架に架けられたイエスの苦難と結びついている。ゴシキヒワは、十字架を背負ってカルヴァリーの丘に向かうイエスの頭に刺さった茨の棘を取り除いた。そのときキリストの血が鳥の顔を赤く染めたと、伝説は伝えている。

ゴシキヒワは、子どもの霊魂やキリストの受難と結びつけられたことから、聖母子像の絵に小道具として数多く描かれ、幼いイエスが楽しげに遊んでいる場面でさえ、きたるべき十字架上の死を予見させる。ラファエロの『ヒワの聖母』（一五〇五年頃）では主役まで演じている。幼い洗礼者ヨハネが遊び相手のイエスにゴシキヒワを手渡し、聖母マリアはいとおしむようにイエスを見つめる。また、同じタイトルのティエポロの肖像画（一七六〇年頃）では、聖母はまるで先行きを心得ているかのように、ゴシキヒワを抱くイエスから目を逸らしている。小鳥の血のように赤い羽が幼子イエスの青白い肌にいっそう際立って見える。こうした多くの聖母子像では、ゴシキヒワが実物そっくりに表現された。一八〇〇年代初頭までに描かれたさまざまな鳥の絵の出来栄えとは対照的である。

このように多くの画家がゴシキヒワを描いたのは、この鳥が日常目にするすべての鳥のなかでいちばん美しく、およそくすんだ情景にもまちがいなく彩りを添えてくれるからだとも考えられる。実際に十七世紀のオランダの画家カレル・ファブリティウスは、ゴシキヒワだけを主題に選び、特徴をとらえた肖像画を描いている。当時の鳥にとってはめったにない名誉である。

ゴシキヒワの魅力がよくわからないという人は、今度野外の駐車場に行ったとき、この鳥を探してみるといい。どういうわけか、ゴシキヒワは駐車場が大好きらしい。請け合ってもいい、独特な放物線を描いて飛んでいる小さい群れにきっと出会えるだろう。この鳥は単独でいることがめったにない。みんなで小さな声をそろえて、独特の鈴の音のような声で鳴いている。そのさえずりは小川のせせらぎを思わせるという人もいるが、わたしの耳には大勢の子どもがおかしなことを言い合ってクスクス笑っているように聞こえる。市街地でも田舎と同じように「羽を伸ばして」いるように見えるゴシキヒワは、アンテナが大のお気に入り。春になるとそこに羽を休め、つがい相手を求めて、耳に心地よいトリルを効かせた流れるような声でさえずる。この鳥は、姿もさえずりも美しいため、昔から籠に入れられ愛玩鳥として飼われている。トマス・ハーディの『カスターブリッジの市長』（一八八六年）にも登場する。主人公の市長が、長いあいだ行方知れずだった娘にゴシキヒワを与えるが、鳥は放ったらかしにされ寂しく死んでしまい、その死が主人公自らの死を映し出すという話である。かつて愛鳥家の間[†1]では、ゴシキヒワの雄とカナリアの雌を掛け合わせ、両方のさえずりの長所を合わせた鳥をつくろうというこころみがよく行なわれていた。しかしわたしとしては、ゴシキヒワが幼い子どもの心のように、自由に飛びまわっているほうが望ましい。

イギリスのゴシキヒワ——正確にはヨーロッパゴシキヒワ——には、大西洋の向こう側に近縁のアメリカゴシキヒワがいる。この鳥は、少ない方がましという英語の格言が正しいことを証明している。雄のアメリカゴシキヒワの夏羽はほぼ全体が鮮やかな黄色を帯びる。ヨーロッパゴシキヒワは、だいたいが茶と黒だが、ふとした折に一瞬鮮やかな色（頭の赤色や翼の黄色の一部に）が表われる。[†2] それを見るには二、三秒待たなければならないこともあるため、なおさら貴重に感じられる。人生で最良のものは待つ価値がある。それはゴシキヒワにも当てはまる。ゴシキヒワの場合、それほど長いあいだ待たなくていいのがとりわけありがたい。

†1　ミュール（Mule）と呼ばれる雄の交雑種

†2　鳥の羽の色は自然光の元では通常の色合いだが，一方向のみからの直線光では見る角度によって色が変化する（モルフォ蝶や玉虫で観察されるものと同様）

（庵地紀子）

世界一の幸せ鳥 ヒバリ SKYLARK

雄のヒバリは何よりもそのさえずりが好まれているだけに、自然愛好家であるイギリス人の顰蹙を買う恐れがあると知っての上で言うと、ヒバリは大歌手には程遠い。ヒバリはナイチンゲールとみごとな対照をなしている。ナイチンゲールは一つの主題をもとに複雑な変奏曲を限りなくかなで、しかも各楽句が少しずつちがっている。ヒバリは一気に天頂へ舞い上がり、長さわずか数秒の調べを何度も何度も飽きもせずにくり返すだけである。

それに見栄えも良くない。気に入りの餌場である刈り株畑に申し分なくカムフラージュされるように茶色の縞模様を身にまとい、ほんの申しわけ程度につつましやかな茶色い冠毛で頭を飾るくらいである。地表で餌を捜しているときは、あらゆる点でまるっきり下等な鳥である。木立を心底忌み嫌い、泥を塗ったような羽毛を持つこの冴えない鳥は、多くの時間を自分と同じような色合いをした畑の中を歩きまわって過ごしている。

ところが、空に向かって飛び立つとなると、また何たる鳥か。驚くほどのスピードで高く高く舞い上がり、ついには視界を脱することも珍しくない。地表を歩きまわっているヒバリを十分ほど観察した直後ならなおさら、これほどの急上昇はまさに奇跡的で、とてものことに尋常の鳥ではないように思えてくる。ヒバリは森林や低木地帯の上空を飛ぶより、広々と開けた場所で曲芸飛行を好むので、小さな鳥がこんなに高く飛んでいるという高揚感がさらに高まる。こういった習性を持つヒバリを見ると、自分が立っている大地の精霊そのものを体現し、比類のない自由の象徴となっているように思えてくる。わたしたちが鳥を好む理由の一つは、飛行能力があれば自分には欠けている自由が得られるからである。誰しも時には不快な状況から逃れ、空高く飛び去ってしまいたくもなろう。ヒバリには自由を求めるその望みが凝縮されている。

ヒバリが好まれる鍵となる要因は歌である。パラグラフを二つも費やして歌手としての力量についてあら探しをしたばかりなので、こう言うと驚かれるかもしれない。しかしまさにヒバリの歌の拙さがかえって人の心に訴えかけるのである。ヒバリは巧みな歌手ではないが、声に長所が二つある――長続きすることと、いかにも幸せそうなこと。子どもの歌はたいていへたなものだが、時には訓練を重ねたオペラ歌手以上に心を動かすのは、意識せずに喜びがほとばしり出ているから――はしゃぎまわりながら歌っている喜びがあるからだろう。子どもと同じくヒバリは決して歌をやめない。いったいいつどうやって息継ぎをするのかとつい思ってしまう。ヒバリの声の喜びは人間のどんながんばり、心くばりでもあらわせない。これこそ幸福というものである。詩人シェリーは一八二〇年に「ヒバリによせて」で、情感を豊かに盛りあげてこう歌っている。

おまえの幸せな調べの
源はどんな物？
どんな野か、池か、それとも山？
どんな形の空、それとも平地？
仲間たちへの愛はいかばかり？　痛みなんて知らないの？

わたしにとってこの上ない喜びはヒバリを見ることではなく、もはや見えなくなったところからヒバリが歌っているのを聞くことである。鳴き声はよく聞こえるし、すみかを遮る樹も藪もないのに姿を見つけられないなんて馬鹿じゃないかと思われそうなのに、ほら、あそこだと、バードウォッチングをしたことのない人にその鳥の居場所を教えられず、ばつの悪い思いをすることがある。しかし声を聞くだけで、この無力感も十分に埋め合わせがつく。また、まっすぐ天界へ飛び立つ鳥を一心に見ようとすると痛みを伴った目まいを覚えるものだが、それも元の状態に戻してくれる。

鳥の飛行能力は歴史を通じて鳥と天界、つまり神とを結びつけようという人の気持ちをかり立ててきたし、ヒバリは空高く昇ってさえずるのが大好きなところから、ますますこの結びつきが強まった。十六世紀のエドマンド・スペンサーは司祭が唱える朝の祈りを念頭に置いて「陽気なヒバリ、空高く朝課を歌う」と書いている。一世紀たって、詩人のジョン・ドライデンは霊魂が最後の審判の日に天国へ昇るのを、亡くなった友人に手向けた詩で「昇るヒバリ」にたとえている。西洋社会で初めて無神論者であることを隠さなかったシェリーでさえ、ヒバリを描写するのに半ば宗教的な言葉を使わないわけにはいかず、「陽気な精霊」と呼んでいる。

ところで、どうして雄のヒバリはそんな高い所で、それも長時間さえずるのだろう？進化論者は雌に見せつけているのだと言う。なんだか本質的に無駄骨のような気がする。完全に進化した種なら、そんなことはせずに餌を捜すようなもっと実用的なことに時間を割いたらどうなのか？　いや、ほかの雄より高く舞い上がり、ほかよりも長く歌えるヒバリは、自分の方が能力が高く、従って一段と良質の遺伝子を持っていることを証明しているのである。

だからといってヒバリはさえずっているときに実際に幸せであるという可能性が排除されることにはならない。進化はヒバリに、天空まで到達して心ゆくまで高らかに歌う衝動を与えたと言ってもとっぴではない。そして衝動を達成できただけでも中枢神経系のある動物に満足感が生じるのではなかろうか。進化は必ずしもロマンティックな考えをすべて締め出すとは限らない。シェリーが唱えた無神論は当時こそ珍しかったにせよ近代の西洋社会ではあたりまえの思想だが、これもまた細やかな自然の神秘に接したときの喜びをすべてぶちこわしにするものではなかった。ヒバリは、どんな宗教観を持っていようと、聴く者すべてに喜びを与える力がある。

（金澤寿男）

ヨーロッパウグイス

CETTI'S WARBLER

ベートーヴェンってバードウォッチャー？

ヨーロッパウグイス（Cetti's Warbler）についての最大の謎は音楽に関係がある――この鳥は、ベートーヴェンの第二交響曲最終楽章の冒頭部分に、影響をあたえたのだろうか。ヨーロッパウグイスの断続的な鳴き声の始めの部分のリズムと抑揚――「ダン・ダ・ダ・ダ・ダー・ダ」――は、第四楽章冒頭の華やかな楽句に驚くほど似ている。鳥の鳴き声もオーケストラの音も、両方ともちょっと突き放すような感じになっている。交響曲は、鳥と同様、聴衆に向かってこう言っているみたいだ。「ナニシニキタンダ？」

両者が似ているのは、単なる偶然の一致ということもあるだろう。でも、これだけは訊かないわけにはいかない。ベートーヴェンってバードウォッチャーだったのだろうか。ヨーロッパウグイスの鳴き声を聞いて交響曲に採り入れたのだろうか。

ベートーヴェンが田園の散歩を楽しむ自然愛好者だったことは確かで、鳥の鳴き声を自分の曲のなかに利用したことがあるのはまちがいない。第六交響曲「田園」には何の鳥だかはっきりわかる鳴き声がいくつか入っている――ナイチンゲールの鳴き声（フルート）、"wet-my-lips"（私の唇を濡らして）と聞こえるウズラの声（オーボエ）、そしてクラシック音楽に登場するもっとも一般的な鳥といえるカッコウの鳴き声（クラリネット）。（このいたずら好きの、二音節で鳴く鳥についてもっと知りたい方は〈カッコウ〉（306頁）を参照のこと）。

しかしヨーロッパウグイスの鳴き声はどうか？　それが沼地からシンフォニーの世界に移ったのは、ベートーヴェンの意識的な模倣か、偶然の一致か、どっちつかずの曖昧な問題だろう。田舎道を散歩しているベートーヴェンの頭の中に印象的な音が知らぬ間に入り込み、後に楽譜に書き留められたということも考えられる。

人間の音楽の起源が鳥の鳴き声にあるとする人がベートーヴェンを引き合いに出すのは賢明だろう。しかしベートーヴェンだけが、鳥のさえずりを思い起こさせてくれる作曲家ではない。ミソサザイの長い震え声は、十九世紀初頭に作られたドニゼッティのオペラで、華やかなベル・カント唱法を駆使するマリア・カラスの歌声に気味が悪いほど似ている。とりわけ、歌劇『ドン・パスクァーレ』のアリア"Tornami a dir che m'ami"（もう一度、愛の言葉を）にたびたび出てくるフレーズがそうである。四つのパートに分かれているミソサザイの鳴き声の、終わりから二つ目のフレーズそっくりに聞こえる。

もっと根本的なレベルでいえば、世界で最初の音楽は人間がかなでたのではなく、人間が楽器を発明するずっと前に鳥が、そしてほぼまちがいなくクジラも、かなでたのだということを心に留めておかなければならない――クジラの大きな鳴き声は何倍も速くすると、不気味なほど鳥のさえずりに似てくる。人間が何千年も前に音楽を生み出したとき、自然が語りかける音をまったく無視して、完全にゼロから出発したというよりは、耳にした鳥の鳴き声を採り入れた可能性の方がはるかに大きいだろう。

ヨーロッパウグイス（英名はCetti's Warbler——チェッティの鳴鳥。十八世紀の動物学者フランチェスコ・チェッティにちなんで名づけられた鳥）をめぐる次の難題は、この鳥の実際の姿を見ることである。茶色の羽に赤みがかった色がさしているために、この鳥の姿は単調さを脱して、微妙な美しさをもつものになっている。しかし、そういう姿が実際に見られれば幸運と言える。ヨーロッパウグイスは濃い茂みに身を隠すから、厳しくしつけられたヴィクトリア朝の子どもとは正反対で、

「声はすれども姿は見えず」なのだ。

もうひとつの謎は、そもそもこの鳥がどうしてイギリスにいるのか、ということ。ヨーロッパウグイスは、イギリスで繁殖する鳥としては新顔に属する。ヨーロッパ大陸を徐々に北上してきて、その後一九七〇年代に、イングランド南部の沼地に移住することになった。科学者は、むしろ、ヨーロッパウグイスではなく、沼地に生息する別の鳥で、同じく北上していたセッカ（Zitting Cisticola）が移住してくる方に賭けていた。葦の中からベートーヴェンのドラマティックな音色が聞こえてきて、セッカの、名前通りの「ズィッ（zit）」という単音の鳴き声が聞こえてこないという現実は、大ベテランの鳥類学者にとってすら自然はいかに予測不可能なものかを物語っている。

ヨーロッパウグイスは、イギリスにたどり着いても、新入りの部類のこの鳥が見たくてうずうずしている人びとの思い通りには姿を見せてくれない。まことに礼儀知らず。バードウォッチャーをじらすのが何より好きと見える。機関銃のような鳴き声を立てたかと思うと、野鳥観察者がどこから聞こえるのか突きとめようとしているうちにサッと逃げ去り、また、用心深く間合いをとって同じいたずらを仕掛けてくる。学者はこの習性を「ボー・ジェスト方式」と呼ぶ。『ボー・ジェスト』（元の意味は、「うわべだけの優雅な仕草」）という小説に登場する外人部隊のヒーローにちなんだ言いまわしである。このヒーローは自軍の兵力を実際より大きく見せるために、要塞の胸壁に兵士の死体を立てかけて砦を守った。

こうしたやり口はなにも、鳥類や荒唐無稽な冒険小説の主人公の専売特許ではない。南北戦争で南軍の将ロバート・E・リーは、敵に見えるところで部下を目まぐるしく動き回らせた。敵軍に劣る兵の数が、実際より多いような印象をあたえて、相手をおさえようとしたのである。この戦術はみごと的中。対する北軍の指揮官ジョージ・マクレランはワシントンに電報をうち、攻撃にかかるにはさらに十万の兵が必要だと告げる。上官のアブラハム・リンカン大統領は怒り心頭、すぐさま指揮官の首をすげ替えた。

ヨーロッパウグイスにしてやられた人びとは、この鳥もリー将軍同様、こうした効果抜群のやり口で意地の悪い喜びを味わっているのではないかと思う。うまくヨーロッパウグイスを見る機会に恵まれた人は、この鳥がしばしば、長い尾をミソサザイ同様にピンと立て、ミソサザイと同じく、いささか勝ち誇って小生意気な感じをただよわせるのに気づくだろう——校則を破って帽子を阿弥陀にかぶる中学生さながらである。その気取りもむべなるかな。これほど姿をくらますのがうまければ、最後に笑うのはバードウォッチャーではなく、たいていはヨーロッパウグイスのほうなのだから……

（横堀冨佐子）

ズグロムシクイ

BLACKCAP

敏速反応、急速進化

ズグロムシクイがイギリスで繁殖していることがわかったのは、ある冬の日、ケント州の友人の庭——たぶんイングランドでいちばん小さな庭——でそれを見かけたときのこと。並はずれて活発なこの小さな鳥が順調に生息しているのがとても嬉しかったのだが、それにはいくつか理由がある。

ズグロムシクイのつがいを眺めていると、まるで、一度に二種類の鳥を見ているような気がしてくる。雄は、墓石のように冷たい感じの灰色の体に、名前の由来となった際立って黒い帽子をのせている。雌はふつう地味なものだが、この鳥の場合、そうではなく、いかにも快活に見える。その帽子は、モダンなダイニングルームの壁の色に上品な感じを添えるような鮮やかな赤味をおびた茶色——あるいは、ホームセンターのカタログに載っているペンキの色にも想像力をかきたてる名前がいいと思われるロマンティストの方々のためには、「楽しげなチョコレートクリームの色」とか、「時雨に染まる紅葉の色」とでも申し上げておきましょうか。しかし、一般的に、鳥の名前を決めてきたのは男性だから、雌の帽子ではなく雄の帽子から「ズグロ」と命名したくなったのも不思議ではない。(ほかにもある、いっぷう変わった鳥の名前については、〈キョクアジサシ〉(22頁)を参照のこと)

また、ズグロムシクイは朗々と、フルートを吹くように、特別長い息づかいで歌う。陽気な(しかし辛抱強い)性格の人は、どちらかというと哀愁を帯びたナイチンゲールの歌より、ズグロムシクイの歌を好むことが多い、そして、ズグロムシクイが「北のナイチンゲール」とまで称されているのは、ナイチンゲールが鳴いているのと同じ南の共有地だけではなく、それよりもっと北の方でも繁殖するからである。

しかし、わたしがズグロムシクイの生息が順調であるのを嬉しく思う最大の理由は、変化に対応する能力しだいで多くの種が絶滅するかどうかが決まるという切羽詰まった状況に追い込まれているこの時代に、ズグロムシクイが鳥としての驚くべきその能力を発揮していることにある。

数十年前は、イギリスでズグロムシクイが見られるのは夏だけ、繁殖のためにきているときだった。そのあと冬に備えてスペインやその他の南の地へ渡って行く。ところがそのうち、だんだん冬にもズグロムシクイを見かけるようになり、一年中わたしたちに寄り添って過ごそうと決めてくれた鳥がいるとわかって嬉しく思ったものだ。しかし、それはまちがいだった。冬の鳥は、夏の間イギリスで過ごしていたのと同じ個体ではなかった。トリの世界にはトオリ一遍でトリ組みやすいことなんてそうあるものではなく、ズグロムシクイもその例外ではない。イギリスにいる冬鳥はドイツ生まれで、イギリスで繁殖した鳥は依然として南方に渡っていた。ドイツ生まれのズグロムシクイは餌を求めてイギリスにやってきて、冬場、餌となる種子を外に出して待っているイギリス国民の強い願望に応えているようだった。

そして二〇〇九年、ドイツの学者が画期的な新しい研究論文を発表する。ドイツ生まれのズグロムシクイのあるグループが、三十世代もたたないうちに、冬場、餌台の餌を食べるためにイギリスに渡ることにしたばかりでなく、そういった行動をとるように進化さえしていたというのである。そのグループは、イギリスからだろうとドイツからだろうと南に渡るズグロムシクイより、短くて丸みのある翼を持っていた。移動する距離がはるかに短いからである――あまり長距離を渡らない鳥には、長距離移動を楽にするための長い、まっすぐ伸びた翼はもはや必要ではない。そしてその嘴は、南に渡るズグロムシクイより細くて長い。それは、イギリスの餌台の種子をついばむのにぴったりで、冬場スペインで過ごすズグロムシクイが食べるような種類の果実を食するにはもはや適さない。

三十世代といえば、長い時間のように思われるかもしれない――人間ならおよそ七百年ということになるだろう。ところが、ズグロムシクイは毎年新しい世代を誕生させて、その新しい世代は一年後にもう繁殖可能になる。三十年という期間は、進化の見地に立てばきわめて短いばかりか、人間の歴史においても短い時間である。

ところで、このことは何を意味するのだろう。ズグロムシクイの進化は、気候の変化に対応したものではないが、その適応の速さは、鳥の中には、やはり、気候の変化に迅速に反応するものがあるのではないかと思わせるに足りる。その現象は、人間が餌を与えることで進化に手を貸せるかもしれないことも暗に示している。すばらしいニュースである。地球の温暖化によって人間が引き起こした害を償うのに役立つのではないだろうか。

寒い時期にイギリスにやってくるドイツのズグロムシクイが、スペインで越冬するほかのドイツのズグロムシクイと同じドイツの森で繁殖することを考えると、この話はますますもって驚くに値する。明らかにこの二つのグループは交雑しない。もし交雑が行なわれるとしたら、丸い翼を持つ種類のズグロムシクイは出てこなかったはずである。おそらくイギリスに渡る鳥は、冬の間につがい関係をつくるから交雑しないのだろう。また、たぶん、先にドイツに戻るので、スペインで越冬したドイツ鳥が戻ってくる前に繁殖をはじめているとも思われる。そこで、わたしたちにわかっていないさらに広い疑問が持ち上がってくる。ズグロムシクイと同じ理由からイギリスで冬を過ごしはじめた鳥――たとえば、今、南の地で一年中見ることのできる別のムシクイ、チフチャフのような鳥もまた独自の進化をはじめているのではないか。

ところで、もうその話はおしまいにして――さて、今度は、男女平等の考えを尊重して、この鳥の名前を雌の帽子の色に変えるキャンペーンをはじめるとしよう。ペンキの色のカタログはどこにある？「モミジガシラムシクイ」ってのはどうかな？

（草野暁子）

鳥をトリちがえた？

モリヒバリ

WOODLARK

ヒバリの知名度の低い親戚モリヒバリは、歴史的ミステリーのただなかにいる。スコットランドのシェイクスピアと言われるロバート・バーンズは「モリヒバリに捧げる詩」でその美声を称えた。当然ではないか、と思われるかもしれない。詩人は鳥、とくにその鳴き声について書きたがるものだし、一部の研究者に言わせれば、モリヒバリはブリテン島一の歌い手である。トリルとヨーデルをまじえたようなさえずりで、ナイチンゲールさながら、かずかずの変奏をかなでる。多くの鳥類学者が思うように、すべての鳥のなかでもっとも流麗な学名（*Lullula*《ルルラ》 *arborea*《アルボレア》——前半は擬声語）を与えられてもいる。ナイチンゲールとの共通点はもう一つあって（何世紀にもわたって詩人が絶賛したこの鳥については〈ナイチンゲール〉（158頁）に詳しい）、その歌声は、縞模様の入った黄褐色の体に不細工な短い尾という冴えない外見を補ってあまりある。

でもね、バーンズさん、一つだけ問題が。スコットランドにモリヒバリはいないんです。

イングランド北部より南には下ったことのないバーンズが、取りちがいをしたのかもしれないが、いかにも幸せそうにさえずるヒバリとの混同は考えにくい。というのも、バーンズの詩には、鳴き声の切なさが強調されているのである。

おまえは歌う、いつ果てるともない哀しみを
言い知れぬ苦しみ、計り知れぬ胸の痛みを
小さな鳥よ、お願いだからやめておくれ
私の心は　無残にも張り裂けそうだ

とはいえ、タヒバリと混同した可能性は否定できない。タヒバリはモリヒバリと同じように縞模様のある褐色の鳥で、スコットランドに住んでいる。歌声は哀感たっぷりというわけではないが、ことさらに悲しみにふけりたがるところのある詩人には、そう聞こえるのかもしれない。

しかし、現在の観察情報はすべて正しく、それと相反する過去の記録はどれもまちがいと見なすことに、現代人は罪の意識を持っているだろうか?

イギリスにおける鳥の分布域は、何世紀ものあいだに大きく変化した。形として残された資料が示すように、有史以前にはイングランド南西部のサマセット平原にペリカンがいた。イエスズメはイギリス人にとってもっとも身近な鳥だが、農業が発達しなければそう

はならなかっただろう（この鳥の盛衰については〈イエスズメ〉（292頁）に詳しい）。イングランドに生息する、モリヒバリとよく似たヒバリにも、同じことが言えよう。稀少種のニシコウライウグイスは今でこそイーストアングリアでしか見られないが、中世には西のウェールズまでが分布域で、それを裏付けるたしかな記述も存在する。十二世紀にこの鳥の特徴を「黄色い羽毛と笛の音のような美声」と書き表わしたのは、ギラルドゥス・カンブレンシスだった。このウェールズ人はほかにも数多くの鳥をぬかりなく観察しており、その正確さには定評がある。

それでも現代人の体験と一致しないかぎり、過去の目撃例は往々にして無視される。めずらしい目撃例を認める、あるいは斥ける目的でイギリスに特別な調査委員会が設立された年、一九五九年以前にいた鳥は、すべてこの国のリストから削除すべきだとまで言われている。それまで一つの記録も一羽の鳥もいなかったも同然ではないか。

そんな焚書まがいのことをされたら、その後今日までの五十二年間、イギリスで見られなかった数種の鳥は公式リストから消えてしまう。北米のエスキモーコシャクシギもそうだが、人間のもたらしたさまざまな害によって数が激減しただけで、実際にはいたというのに。こういうやり方で一部の古い記録はあっさり抹消される可能性があるが、リストに残しておけば、自然保護の必要性を再認識させてくれるにちがいない。もっと根本的なことを言うなら、この種の行為は過去の知見に対する侮辱でもある〈ホオアカトキ〉（345頁）を読めば、たとえ信憑性が薄くても、鳥にまつわる昔の話に偏見を持たないのはよいことだとわかるだろう）。

さて、話をスコットランドの詩人に戻すとして、彼は正しかったか、それとも誤っていたのか？　バーンズを支持する説は三つある。

＊作品を読めばわかるように、バーンズの自然観察はだいたいにおいて正確だった。つまり、ほかの鳥をきちんと見ていたのだから、モリヒバリについてもまちがいを犯すことはなかったと思われる。

＊スコットランドのモリヒバリについて、研究者は信頼に値する昔の資料を新たに見つけた。ある聖職者が、秋の夜のさえずりに触れた文書である。モリヒバリはタヒバリとは対照的に、普通とは異なるこのような季節および時間帯に鳴くことで知られている。

＊イングランドのモリヒバリは、一九八〇年代までその数を急激に減らしていった。そのため最盛期の状態は、あまりよくわかっていない。現在姿が見られるのはイングランドの東部および南部だが、このまま個体数の回復が続けばどうなるか、はっきり予測できる人はいないだろう。結果的に分布域がスコットランドにまで広がったなら、その未来が過去の観察の正確さを証明してくれるはずだ。

いずれにしても、バーンズがまちがっていたか否かは大した問題ではない、と言ってもいいのではないか。モリヒバリの詩はみごとな作品で、そのさえずりを実にうまくとらえている。イングランドの詩人、ジェラード・マンリー・ホプキンズは鳴き声を聞こえたままに表現しようとしたが、それが功を奏したとは思えない。「ティーヴォ、チーヴォ、チーヴィオ、チー」と、大胆にもいくつかの単語に置き換えてはいるものの、そこからモリヒバリ独特の美しい響きは伝わってこない。しかし、そう厳しいことを言ってはホプキンズが気の毒だ。言葉にできないものを文字で表わそうとすれば、最近の野鳥図鑑だって五十歩百歩（鳴き声の記録が難しい理由について知りたい方は、〈キアオジ〉（252頁）をお読みください）。ときにはハンドブックなど持たず、野外で鳥の歌にじっくり耳を傾けるのもよろしいのではないですか。

（八坂ありさ）

文字通りのライヴミュージック

クロウタドリ（ブラックバード）

BLACKBIRD

クロウタドリがどんな鳥か、いまさら紹介の要はないだろう。あちこちの通りに立つテレビ・アンテナに止まって、いつもつまらないことに大騒ぎしている。通行人が自分のことに夢中でうっかり邪魔をしようものなら、まるで怒った雌鶏のような声でキィー、キィーと鳴きながら、さっと飛び立っていく。

ありふれた小鳥の中には、バードウォッチャーでないとほとんど気がつかない種類がある（見つかりにくい鳥については、〈ミソサザイ〉（213頁）をご参考に）。しかし賑やかなクロウタドリは、その中には入らない。木があればどこでも結構という性質に加えて、縄張りの中を騒がしく動きまわるので、イギリスの鳥の中では、もっともよく知られた一種である。

いや、しかし、そんな単純な話ではなさそうだ。クロウタドリはなぜこれほど人気があるのか。わたしにはこの鳥は、郊外に住む上品な隣人というよりも、カウンター・カルチャーのヒーローのように思われる。

雄はまっ黒で、その色は一種の妖しい美しさを感じさせる。そのフランス名「マール」がなぜ、男女両方の名前に使われてきたのかよくわかる。たとえば一九三〇年代に映画女優として活躍したマール・オベロン。インド人とイギリス人のあいだに生まれた肌の浅黒い美人である。クロウタドリは本来、昼間活動する鳥だが、その色は人生の闇と胸をちくりと刺すような事柄を、芸術家に思い起こさせる。ヨタカのような暁と黄昏《たそがれ》の鳥が、悲しみを歌う詩の導入部としてよく使われるのと同じ伝で、文化の歴史の中でクロウタドリは、人生の明るい面よりも絶望や暗闇そして死を描くときに用いられてきた。

こういう見方に則って、一九二〇年代のスタンダード・ジャズ「バイ・バイ・ブラックバード」について、次のような解釈がよくおこなわれている。これは歌詞の意味が今もファンによくわからないままの、有名な謎めいた歌の一つだが、稼業から足を洗って故郷の母親のもとに帰ろうとしている売春婦の歌だという。暗い歌詞はたしかに悲しみと憂いに満ちている。

世界的に有名な童謡、パイに詰められ焼かれてしまった二十四羽のクロウタドリの歌は、古い歌だが言い回しが残酷で、神経が細い二十一世紀の子どもにとっては、ぞっとするような歌だろう。昔の子どもはこういう歌でもさほど怖がらなかった。夕食のために動物（現代の親に言わせれば「地球にやさしい地元の食材」）が殺される様子や、家族の健康のために害獣が始末される場面を毎日のように見ていて、慣れていたのだろう。

ところが現代の子どもは、焼かれたクロウタドリが突然歌いはじめたと聞けば、当然なぜと訊いてくる。親は当然答えられない――すると子どもは泣きだし、親はおじけづく。マウスをクリックすれば、あるいはテレビのリモコンのボタンを押せばたちまち現われる暴力的な画像から、子どもたちを必死に守ろうとしている時代に、この歌を教えるべきなのか。しかし、しくしく泣いている子どもの耳には、まだこの歌の結末は届いていない。せっせと干し物をしている小女《メイド》の鼻を、クロウタドリがついばんでしまうのだ――ただし、こういう場合にはハリウッド映画のプロデューサーと同様、作詞者はまちがいなくこう言い訳するだろう。見た目にはよからぬ暴力行為でも、物語には欠かせない部分なんですと。

子どもたちの先ほどの質問に対する答えとして、この歌がチューダー王朝時代のある風習に触れていることを挙げておこう。当時は一種の座興として、料理に鳥を入れることが流行していた――ただし歌とは異なり、実際はパイを焼いてから鳥を入れた。だからこそクロウタドリはいつもと変わらず元気に歌ったわけ。バードウォッチャーがほかの鳥の声を求めて耳をすましていても、とかく聞こえてくるのはクロウタドリばかりというほど、この鳥は出しゃばりだ。チューダー王朝のどのパーティーでも、地元の才子をみごとに出し抜いたに違いない。

クロウタドリは、古典的な詩のスターからポップ・ミュージックのスターに転じた数少ない鳥の一つである。古典的な詩は、まだあまり都市化が進んでいない時代に、今よりひんぱんに鳥の歌声を耳にしていた詩人によって書かれた。ポップ・ミュージックは、才気

クロウタドリ（ブラックバード）

のある若者が愛と喪失のほろ苦い思いを韻文にこめて訴える主要な手段にするという、詩の古典的な役割を受け継いだ芸術作品である。わたしたちは感謝しなければならない。鳥のさえずりがポップ・ミュージックの詩に刺激を与えるものとして生き残っているのは、主としてこのなじみの鳥のおかげである。ありがたいことに、クロウタドリは田舎にいるときと同じように、ロンドンのアビー・ロードでも我が家同然にふるまっている。

ジュリアン・グレンフェルは第一次世界大戦の最中に、伝統的なスタイルの詩、『出征』を書いた。この中でクロウタドリは死と結びつけられた。それからわずか半世紀後に、この鳥はふたたび少なくとも二つのクラッシック・ポップ・ソングにひょっこりと登場し注目を集めた――どちらも当然ながら暗闇と結びつけられている。ビートルズの「ブラックバード」は、実際に「真夜中にさえずるブラックバード」の録音をフィーチャーしている。一九八〇年にまだ出始めのロックバンドＵ２が出した「黒猫」にもクロウタドリが登場する――明かりを消した部屋の中で十代の少年が童貞を失ったときの羞恥を、かなり暗い調子で歌っている。

バードウォッチャーの中には、クロウタドリの夜のさえずりをビートルズが歌にしたのはおかしいと非難する向きもある――コマドリと混同しているのではないかという。コマドリは確かに夜に鳴き、その声は経験の少ないバードウォッチャーには、クロウタドリのものと聞こえるかもしれない。しかしクロウタドリは、ビートルズがわたしたちに思いこませたように「真夜中に」歌うことはないが、夕闇が降りてからもかなり賑やかな、イギリスの数少ない鳴鳥のひとつである——まるで格好のねぐらが見つかって喜んでいるかのように、眠る前になんとなく気取った声で、チ、チと鳴く。クロウタドリがようやくフクロウのような夜に鳴く鳥に席を譲るのは、たそがれ時の薄暗闇がまっ暗闇に変わってからである。ビートルズは完全なまちがいをしたわけではなく、おそらく少し大胆に詩的な冒険をしたにすぎない。

現代のシンガーのあいだでクロウタドリがボヘミヤン的偶像——翼をもったジョン・レノン——となっているのは、その色のせいだけではないだろう。なんとなくのんびりした、型にはまらないその鳴き声には、ムネアカヒワの歌声と同じように、明らかにジャズ的なリズムがある。人口がますます増えている都会では、昔より鳥の声がはるかに少なくなっている（よく耳を澄ませば、じつは思っている以上に聞こえている。）それでもあちらこちらから、いつもクロウタドリのさえずりが聞こえてくる。おかげでわたしたちは自然からのこの格別な贈り物に対し、賞賛の気持ちを相変わらず持ち続けることができる。最近は中産階級からグリー・クラブの大半が消え失せ、それに代わってもっと便利なCDやダウンロードがもてはやされている。陽気で少し生意気なクロウタドリの歌声は、いつも、ほぼ予想通りの節回しなのだが、完全にそうなるわけではない。どのフレーズもほんのわずか前のフレーズとちがっていて、こちらはあれっと思ってしまう。そんなクロウタドリの歌声こそ、今では一日中聞くことのできる唯一の文字通りのライヴ・ミュージックと言えるのではないか。

（家本清美）

めったに見られないありふれた鳥

ミソサザイ

WREN

ミソサザイ（wren）はイギリスのほとんどの場所で人間のすぐそばにいるが、めったに人目に触れないため、めったにいないと思われがちである。

何世紀ものあいだなかなか見ることができず、観察の難しさはさまざまな混乱を招いた。この事実は、数百年前まで人間が鳥についていかに無知であったかをよく示している。中世のイギリス人の多くは、ミソサザイをコマドリの雌と考えていた――女性との結びつきは何世紀も残り続け、二つの世界大戦で組織された海軍婦人部隊の隊員がWrenと呼ばれただけでなく、バードウォッチャーでない人のあいだでは、今でもこの鳥にはジェニー・レン（Jenny Wren）と女性名が使われている。二つの鳥のつながりはマザーグースの長い一篇、「だれがコマドリ殺したの？」からもわかる。この不運な胸赤の鳥はミソサザイとの結婚前夜に、スズメにその弓と矢で殺されたという。シェイクスピアの時代になってもカップルと思われていたらしく、劇作家で詩人のジョン・ウェブスターがちょっと気味の悪い悲歌を残している。

胸赤のコマドリとそれに連れ添うミソサザイ
薄暗い木立の上を舞い続けるおまえたち
木々の葉や　花々で蔽ってはくれまいか
友もなく地に放られし屍の数々を

コマドリはともかく、一生のほとんどを陽の射さない低木の茂みに隠れて暮らすミソサザイには、こうした頼みごともお門違いではなさそうだ。

見つけにくいにもかかわらず、時にはイギリスでもっともありふれた鳥と位置づけられる。ミソサザイと時代ごとにこのポジションを争っているのは、クロウタドリとズアオアトリである。

数が多いだけでなく、どこにでもいる。貧弱な草木が少しばかり固まって生えていれば、それで十分と思っているらしい。イギリスの都会の中心、その象徴とも言えるパーラメント・スクェアの、頼りなげな木々の茂みでも鳴いている。春の繁殖状況を調査しながら、さえずりが絶え間なく聞こえる幸せなミソサザイの領分で何時間も過ごしたことがある。縄張りを宣言する声が近くで聞こえているうちに、同様に発せられる次の声をとらえるという経験に恵まれた。

ミソサザイは遠くスコットランドのセントキルダ群島にまで飛んで行き、周囲からかけ離れたこの地で、やや体の大きな独自の亜種が生まれた。同様の理由で、セントキルダの男たちも独自の遺伝的特質をもつと言われていた。長くなった足の指は、崖にのぼって海鳥を捕るのに都合がいい。

よくイギリス国内で最小と誤解されるが、ミソサザイはキクイタダキとマミジロイタダキに次いで三番目。こんなちっぽけな鳥をさまざまな文化が「鳥の王」と見ていると言われれば、最初はふしぎな気がするのではないだろうか。古代ギリシアの哲学者アリストテレスが触れたヨーロッパの伝説には、このタイトル争いの模様が描かれている。いちばん高く飛んだ鳥が王座を得ることになり、本命はワシと思われた。ところがはるかに小さいミソサザイがワシの羽毛の陰にひそんでいて、ワシの飛翔が頂点に達したと見るや、さっと飛び出してちょっとだけ高く舞い上がり、優勝をさらってしまう。力に対抗して策略を使い、勝利をせしめたというわけ。

古代の伝説から現代の映画にいたるまで、この鳥に似た人間が登場する物語は少なくない。「社会的順位はひっくり返せる」という考えには、たしかに惹かれるものがある。昔話で見せるミソサザイの抜け目のなさは、シェイクスピア劇の道化のずるさと大して変わらない。うわべは笑えるほど卑しい身分の道化だが、最後は（無視されるのが常とはいえ）王に思慮深い助言を与える。伝説のミソサザイが示した出世の才と同様の能力を映画にしたのは、ジョゼフ・ロージー監督。一九六〇年代に公開された「召使」の主人公は悪知恵がはたらき、良家の若い当主は完全に支配権を奪われてしまう。

ミソサザイのように抜け目のない鳥は、二つのポイントを押さえることでずっと見つけやすくなる。まずは本腰を入れて鳴き声を覚えること――美しい旋律をたっぷり聞かせてくれるが、そのさえずりにはわずかながら都会的な押しの強さが感じられる。いったん覚えてしまえば、日に何度か鳴き声に気づくはずだから、探してみるといい。視線を上げて木々の中をじっとのぞき込むのではなく、目の高さかそれより低いところを注意して探そう。小さくて茶色いのでスズメとまちがえやすいが、ビュッビュッと素早く飛ぶならミソサザイである。

たまにでも近くでじっくり観察する機会があればわかるが、この小さな鳥はなんともいえず愛らしい。きれいな赤褐色の尾をピンと立てる癖は、多少きざっぽくはあるが憎めない。細かい格子柄の翼と尾は目を楽しませてくれ、何世紀も前のタペストリーに、気の遠くなるような手間をかけて織り出された鳥を思わせる。またミソサザイが放つ美のオーラは、博物館に置いてある、小さいが複雑な細工で覆われたアングロサクソンのブローチにもひけを取らない。イギリスに住んでいれば、よく晴れた春の朝に自宅からそう遠くないところで鳴いているのが聞こえるはず――探しに行かなきゃ損ですよ。


（八坂ありさ）

7.
木に止まるその他の鳥
Other Perching Birds

新種発見㊙大作戦
ハゲガオヒヨドリ
BARE-FACED BULBUL

紀元二千年代に入った今日、大方の人は、地球上に存在するものはすでに発見され尽くしたと思い込んでいる。いや、そんなことは絶対ない、というのがナチュラリストの知るところで、人間はいたるところに進出しているが、発見の時代はまだ終わっていない。毎年、およそ一万種の昆虫が発見されている。ただし、その中にはたぶん再発見のものもあるだろう。なにしろ、すでに発見された百万から二百万種の昆虫を網羅する目録など存在しないのだから。まだ発見されていない数は二百万ないし二千五百万種と推測される。

鳥に関していえば、現時点では昆虫ほど混沌としているわけではない。鳥についての自分の考えを書き記した最初の偉大な学者、アリストテレスは紀元前四世紀に百四十種を数えている。中世になっても、西欧の記述者は同じくらいの数を見つけたにすぎない。これは、一般的な科学知識がほぼ千五百年間、大した進歩を遂げなかったという事実の反映で、鳥類学もその点、例外ではない。鍛冶屋の息子という貧しい出自を克服して、イングランド初の大博物学者となったジョン・レイは、一七〇一年になっても、世界中でわずか五百種の鳥を記しているだけ。ヨーロッパ諸国が拡大し、帝国を築きはじめるに従って、変わった鳥類が発見されるようになったにもかかわらず、である。レイはあと三三パーセントは多いかもしれないと自分では大胆なつもりの推測もしているが、大胆どころか、現在ではおよそ一万種が発見されている。新種が発見される率からすると、世界中の鳥類の大多数はすでに見つかったと言ってもいいが、この数は種の分類法しだいで、上下一、三千はちがってくる。

それでも、少数ながら今でも新種が発見されており、その数は二〇〇〇年代に入ってからは、年間五種ほどに落ち着いている。新種の発見など可能なのか、と思われるかもしれない。鳥は昆虫よりはるかに目立つ。哺乳類よりも目立つ。また、顕微鏡で見るほど小さくはないし、明るい色をまとってはいなくてもしょっちゅう動きまわっている。人間の目は動くものを見つけやすくできている。それなら、もう鳥はすべて発見されていていいはずではないか？

その疑問に対する一つの答は、新しい鳥の多くは南米で見つかっているということ。南米の厳しい環境にある生息地は、人間にとっては足を踏み入れにくい。多雨林は密生しているため、入るのが容易ではない。また、そのように密生しているからこそ数え切れないほど多種の昆虫や植物の命が支えられ、鳥にとって都合のいいニッチ（生息場所）が数限りなく生み出されるのである。新種はそういったニッチの一つ一つから生まれる傾向があり、それもごく狭い場所だけに見つかって、ほかのどこにも見つからないことが多い。さらに、地球全体に、ごく少数ながら、フクロウやヨタカのたぐいで、実態がはっきりせず見つけにくい夜の鳥がいる。スリランカにいるセレンディブコノハズクは、発見者となったディーパル・ワラカゴダがまず一九九五年に鳴き声を聞いた。その声がそれまでに知られていた鳥のどれともちがうことはわかっていたが、彼が実際に姿を見たのは、ようやく二〇〇一年になってからだった。

ときどき、ほかのどれとも似ていない鳥が見つかることがある――ヨーロッパの探検家が初めてペンギンやエミューを見たときに感じたと思われる興奮の再現である。この十年間に発見され、独特だとのお墨付きを得た鳥の中から一つを選ぶとすれば、顔に羽毛がないラオスのハゲガオヒヨドリに白羽の矢が立つだろう。この鳥、二〇〇九年まで世間に顔見せしなかったとは、毛のない面の皮が厚いのか。

この新発見の鳥には、形容詞として「美しい」よりも「奇妙な」がふさわしい。ツグミほどの大きさの頭には、灰色の毛がふさふさしている後頭部を除いて、全く羽毛がない。むきだしの顔の真ん中には、青い色素で囲まれた大きな目があり、まるで青いアイシャドウを塗って女装をしたハゲ頭の老いぼれみたい。いや、ハゲと女装はさておき、青いアイシャドウなんて一九八〇年代にはまちがいなくすたれていましたよ、とガールフレンドが教えてくれた。

それほど特徴があるうえに、全然シャイでもない鳥が、どうして長いあいだ見つからずにいたのだろう？　一つは政治的な理由による——ラオスは数十年にわたって政情不安の時代が続き、外国人が安全に訪問できるようになったのは、比較的最近に属する。もう一つは現実的理由による——この鳥が見つかるのは険しい石灰岩の岩場で、人間がそこへ行くのは困難を極める。ただ、不運な要素もあった。この鳥を学界に報告した鳥類学者は十四年前に見ていた。しかし、目撃したのはたったひとりだったため、同僚から笑いものにされたあげく、公式の報告書にも記録しないことにした——内気な性分で自分の手柄ばかりか、鳥の存在まで隠してしまったのだ。新しい鳥を見つけたと「思うこと」と、その鳥を見たと「確実にわかること」の間には実に大きなへだたりがある。もっともコンゴクジャクの場合はハゲガオヒヨドリよりその隔たりがずっと大きい。コンゴクジャクは、一九一三年に帽子の中に見つかった一枚の羽から、その存在が推察されたが、鳥そのものが発見されたのは一九三六年のこと。ベルギーの博物館で、まちがって分類されていた（科学者が新種の存在を明らかにするのをなぜそれほどためらうのかを理解するには、〈ミヤコショウビン〉（123頁）で書いた有益な話を読んでいただきたい）。

ハゲガオヒヨドリを見つけた人の中の何人かが、驚いたことに、ほぼ同じときに、だいたい同じような地域で別の新種を共同で発見している。この鳥は緑色の羽毛と黒い眉のライムストーン・リーフ・ウォーブラー（Limestone Leaf Warbler）といい、ハゲガオヒヨドリよりずっとかわいくてきれいだが、型通りの——新種のヒヨドリファンにとっては、多分うんざりするほど型通りの鳴鳥で、さっぱり変わったところがない。

新種の鳥を見つけたいと思う人にはうってつけの場所がある。いちばんいい方法は、政情不安定な南米の国の、急斜面がいくつかある人跡未踏の山中へ真夜中に出かけ、あとは運を天に任せること。奇跡的に生き延びられたら、新しい鳥を見つけるというご褒美をもらえるだろう。

別のもっと安全な方法――これ以上は考えられないほど安全な方法――は、自分の研究室にこもって、がむしゃらにＤＮＡの分析に取り組むこと。ノドジロムナオビウのところ（61頁）で見たように、ＤＮＡの研究は、これまで同種と考えられてきた鳥を別種に分類するための最新の方法である。二〇〇七年、ソロモンアイランド・ガマグチヨタカは、科学者のいわゆる「分類法見直し」――どれが種であるか、どれがそうでないかを考え直すこと――を行なった結果、マダラヨタカから分けられた。ついでながら、ガマグチヨタカは、カビの生えたねずみ色の靴下で作った気味の悪い指人形のように見える。わたしとしては、そんなものの間近で何年も過ごすのはまっぴらごめんだが、新種を見つけようと大志を抱く研究者なら、ガマグチヨタカのガマみたいな口に心を込めてキスをすれば、きっとガマが王子さまに戻って立ち現われると信じているだろう――もちろん、これはもののたとえでございます。

（片柳佐智子）

テレサってだれ？

テレサユキスズメ

MEINERTZHAGEN'S SNOWFINCH

ユキスズメはバードウォッチャーにとって頼りになる友のような鳥である。見つけるには高い山に登らなければならないが、その努力さえ惜しまなければ、たいていはこの茶色と白と黒のかわいらしい鳥を拝むことができる。残飯を求めて山間の村へくるなど餌が確実に得られるところを頻繁に訪れるからだ。ユキスズメ属の鳥は七種ほどいて、英語ではsnowfinch つまりユキアトリと呼ばれているが、スズメの仲間に含まれる。わたしたちにはなじみ深い近縁種、イエスズメと同じように人間がそばにいても嫌がらないのでかなり近寄って見ることができる。

このような性質はカベバシリとは正反対である。カベバシリというのはやはりヨーロッパやアジアの山岳地帯に住む鳥で、長く湾曲した嘴と赤い翼を持ち、見た目はハチドリによく似ている。アメリカ大陸の緑豊かな森林を見限り、片意地なまでに近寄ろうともしなくなったハチドリとでもいおうか。このカベバシリという美しい鳥はユキスズメとは反対に、見ることが大変むずかしいので、ある年の冬（カベバシリが食べ物を求めて低緯度地域へと移動する季節）、文字通りどういう風の吹きまわしか一羽がパリに姿を見せたときには、イギリスのバードウォッチャーの多くが「コンチクショウ！」と歯ぎしりしながらドーヴァー海峡を渡ったものだ。

しかし、そのカベバシリにはアルプス山脈に住むユキスズメ（*Montifringilla nivalis*）という仲間がいて、こちらは、安楽に浸った文明界、スキーロッジがひしめくところへも恐れることなく出かけてゆき、人間たちにアフタースキーの物珍しいお楽しみとして歓迎されている。

一方、テレサユキスズメ（英名 Meinertzhagen's snowfinch 学名 *Montifringilla theresae*）の場合は、アフガニスタンの山岳地帯という、旧大英帝国の版図の中でも特に険しく危険に満ちた辺境をすみかとしているため、発見に至るには筋金入りの人物を要した。それこそ鋼鉄の男リチャード・マイナーツハーゲン大佐で、自分の名前で呼ばれることになるこの鳥を一九三七年に初めて学術的に記録した。

マイナーツハーゲン大佐という名前からして、いかにも十九世紀から二十世紀初め頃、多くの人が見たことも聞いたこともないような辺境の鳥にその名が付けられるご立派なお偉方らしい。この人物は一八七八年のイギリスで、由緒正しい富裕な（旧ザクセン＝コーブルク＝ゴータ家、現在はウインザー家と名乗る英国王家と同じだが、それ以上にハイクラスな）ドイツ系の一族に生まれた。チャーチルほか、ヨルダンやタイの王族が数多く卒業したハロー校で学び、その後は国家のための戦闘や諜報活動、また人類の知識を拡げるような探検に人生を捧げた。CBE勲章、英国軍殊勲賞を得たリチャード・マイナーツハーゲン大佐は九十歳にして世を去ることになったが、いくつもの植物や動物、そして鉱物を発見したという栄誉に加えて、自分の名前がモリイノシシの学名 *Hylochoerus meinertzhageni* に残ることを思い、幸福を感じながら死んだに相違ない。

しかし、マイナーツハーゲン大佐には——上流階級出身者特有のきわめて控えめな表現ながら自分自身でもそう言うだろうが——少しばかり風変わりなところがあった。

マイナーツハーゲンという人物はわたしたちに、当時のイギリス社会の暗部を示してくれる。この時代には、どんなならず者でも「よい人たち」つまり上流階級に属するかぎり、見て見ぬふりをすることが世の習いとなっていた。たとえば、パブリックスクール出身の卓越した美術史家アンソニー・ブラントはソヴィエトのスパイだったことが発覚したが、当局は反逆行為を把握してから何年ものあいだブラントが社会的地位を保つことを許していた。それと同じように、マイナーツハーゲンは鳥の観察記録をごまかす常習犯で、ほかにも数々の不行跡があったにもかかわらず、そのほとんどが死ぬまで表沙汰にならなかった。

マイナーツハーゲンが鳥類学に関して行なった不正の一例は、自然史博物館からベニヒワの標本を盗み出し、名前をつけかえていたというもの。一九九〇年代になって綿密な調査が行なわれてようやく明らかになったのだが、*Carduelis flammea britannica* と命名し、この茶色と赤のかわいらしいアトリ科の鳥にイギリスの固有亜種が存在するという自論を証明しようとしたのだった（もうひとつの有名な鳥類学界のスキャンダルについては、ヘイスティングス稀少種捏造事件を扱う〈ノドグロムシクイ〉（232頁）をお読みいただきたい）。

テレサユキスズメの命名についても、いささかインチキ臭さが漂っていて、興味をかきたてられる。新種の発見者は命名に自分の名前を用いないというのが基本的な原則である。発見者は命名については一応はしかるべく形だけでも遠慮しておき、その後、この仕事をありがたく引き受けてくれるほかの科学者の手に委ねて、自分の名前を入れるというならそうしてもらう。そんな方式をとらねばならない。マイナーツハーゲン大佐は学名に姪のテレサ・マイナーツハーゲンの名前をつけることによって実質的に自分の名前を使ったのと同じにした。自分と同じ名前の身内にちなんだ名を付けるという策略は、少ないながら何度か用いられている。このような悪例にはクリガオムシクイ（Mrs Moreau's Warbler）やビルマカラヤマドリ（Mrs Hume's Pheasant）のような華々しいものもある。しかし、そもそもテレサはほんとうにマイナーツハーゲン大佐の姪だったのだろうか。テレサがほんものの姪、もしくは親戚だったのか、あるいはガールフレンドだったのに世間の噂になるのを防ぐために親戚ということにしておいたのか、世の人の意見は一致していない。女性の名前がほんとうにテレサ・マイナーツハーゲンだったのか、それとも実際にはテレサ・クレイだったのかについてさえも意見の相違がある。マイナーツハーゲン大佐という人物は何ともとらえがたいが、この時代、マイナーツハーゲンほど家柄がよければ殺人を犯しても罰を免れることができた（実際にそうだった可能性もある。大佐の二番目の妻は不可解な銃の暴発事故で亡くなっているが、事故の目撃者は大佐しかいなかった）。

マイナーツハーゲン大佐は、人生のどの点についてもはっきりこうだと結論づけることができない。その性格に非常に奇怪な欠点――病的な虚言癖があったためである。大佐にまつわるさまざまなエピソードの中でもっともおかしなものは、ヒトラーと会ったとき、「ハイル・ヒトラー」に対して「ハイル・マイナーツハーゲン」と応じ、四十分もの大騒ぎを引き起こしたという話だが、これはまずまちがいなく嘘だろう。ただし、マイナーツハーゲンに公正を期して言えば、人の噂でもっともおもしろい話はたいてい作り話ではある。マイナーツハーゲン自身も自分に「邪悪な」面があると認めていて、それは寄宿学校時代に残虐な扱いを受けたせいだとしている。

マイナーツハーゲンが異常なまでに鳥に執着し、鳥を求めて世界中を回るようになったのもトラウマとなった経験に原因があるのだろうか。ホモ・サピエンスから遠く離れた場所でほかの生物種と何日も過ごすことにつながる趣味を選ぶのは、ホモ・サピエンスが嫌いなことに起因しているのかもしれない。確かにマイナーツハーゲンの時代には、鳥類学界のトップに上流階級の一団がいた。上流階級の人びとは、職員が生徒を苛めることこそ義務であると考えているような厳しい寄宿舎で教育を受けていた。今日では寄宿学校は預かった生徒に親切にするよう務めている――そこから優れた鳥類学者が生まれなくなったのはただの偶然かもしれないが。マイナーツハーゲンがどうしてこのような人物になったのかはだれにもわからない。人びとに記憶されたいという欲望のためだとしたら、その望みはかなった。ユキスズメの一種に自分の名前が付いたこともその一つだが、それよりも何よりも、欠点やでっち上げだらけの魅力に満ちた人生を送ったことによって彼の名は記憶されている。

（三宅真砂子）

チョコモズモドキ

CHOCO VIREO

名は大金をあらわす

鳥の名前を富豪に売るのはいいのか悪いのか。

一九九六年に初めて、あるモズモドキ科の小鳥に学名（*Vireo masteri*）が付けられたが、それがバーナード・マスターなる人物にちなむものだったので世間の顰蹙をかった。きりがないではないか、そのうちマクドナルドムクドリまで出てくるのか。強欲の化身が科学を牛耳っているのではないか、疑い深い人にはそう思える。

マスターはオハイオ州のワーリングトンという小さな町出身の元医師で、その鳥の発見に関わってはいないし、見たのも発見されてから何年もたってからだった。自然保護のために七万ドルを寄付しただけで、返礼にその名を末永く（あるいはこの絶滅危惧種が生存する限り）記念されることになった。

チョコモズモドキという名前はコロンビアのチョコ地方にちなむもので、耳に心地よくさえずり、昆虫を食べるこの小さな鳥はその密林で見つかった。発見までにずいぶん長い時間がかかったのが不思議なようだが、この鳥のすみかは人間がチョコっと行って住めるような場所ではない。最良のときでもジメジメしていて虫に悩まされるし、最悪のとき――つまり一年中のほとんど――は霧や靄にすっぽり包まれ観察が難しい。その上モズモドキは木の上に住んでいる。密林の上で葉が茂って天蓋のようになった上のほうなのでことさら見えにくい。初めて発見されたのは一九九一年、捕獲網に引っかかってまもなく死んだあと、半ばアリに食べられ、なにがなんだかわからないような状態になっていた。この一事をとってもここがいかに環境の厳しいところであるのかがわかる。一年後の第二回目の捕獲作戦はうまくいった。

これでこの鳥の素性はわかったから、次にその学名にまつわる倫理的な問題を、鳥の視点から考えることにしよう。

マスターの寄付のおかげで自然保護団体はこの鳥が最初に見つかった土地を買い、自然保護区を作った。鳥が安全に暮らせるところが少なくとも一か所はできた。名づけ方に対する論争にしても、鳥にとっては人びとの意識がそちらへ向く。噂になれば儲けものである。

名前のついた経緯は前例のないものなのか、それとも単なる過去への回帰なのだろうか。ヴィクトリア朝時代、見つけた鳥に後援者の名前をつけるのはふつうのことだった。第十三代ダービー伯爵で政治家のエドワード・スタンレーは自然に関心はあったが、時間がなかったのか、あるいは自身で新種の生物を探しにいく気持ちが欠けていたかで、数々の探検隊を資金面で援助した。そのためスタンレーの名を冠した鳥がスタンレーインコ、スタンレーヅル、スタンレーノガン、スタンレーハチドリと四種もいる。

ダービー卿は鳥についての知識が豊かである。バーナード・マスターもそう。彼は世界中を旅行し、できる限り多くの鳥を見るワールドリスターとして鳥への情熱のおもむくままに八十以上もの国を訪れている。ところが、彼にちなんだ名を持つチョコモズモドキを見たのはその名が記載されて十四年後だった。発見された場所が内戦で封鎖された地域になっていたからである。二〇一〇年の元旦、ついに彼は当の鳥を目撃し、加えてその旅行はさらなる恩恵をもたらした。ガイドがマスターにその鳥を見せようと危険の少ないところを探し、新しい生息地がみつかった。

少なからぬ種の鳥の生存は、いつでもそうなのだが、マスターのような個々の金持ちの善意で決まる。大金持ちの後援者の方、ミャンマーに絶滅危惧種、ヘラシギの越冬地を買っていただけませんか。そうすれば絶滅を止められます。

それはそうと、この鳥の学名 *Vireo masteri* はまんざら悪くないのかもしれない。マスターは苗字としてはいいほうである。鳥ちゃんにお金をつぎこむ甘いパパがとんでもない名前の持ち主のことも大いにあり得るわけだから。

（松本良子）

ノドグロムシクイ

RÜPPELL'S WARBLER

ペテン師世にはばかる

ノドグロムシクイ（英名リュッペルズ・ウォーブラー）は十九世紀のドイツ人博物学者エドヴァルト・リュッペルにちなんで付けられた名前である。彼は「小金を貯める最上の方法はまず大金持ちであること」という金言を地で行くような人物で、裕福な銀行家の息子として遺産のほとんどを地中海や北アフリカの探検に費やした。そんなリュッペルへの褒美としてキツネ一種、コウモリ三種、鳥類八種を含む多くの生物種が彼にちなむ名前を付けられている。もっとも東地中海で営巣する件《くだん》のムシクイのように、発見したのはほかの人だが彼に敬意を表し、その名をつけたものも少なくない。

ノドグロムシクイは凛々しいけれどもいささか厳しい風貌の鳥で、黒い顔に下向きの白い口髭（専門的には顎線と呼ばれるもの）をたくわえたところがなんとも謹厳なヴィクトリア朝紳士を思わせる。

しかし一九一四年、この小さいヴィクトリア風紳士リュッペルズ・ウォーブラーがサセックス州ヘイスティングズ付近に一羽ならず二羽までも現われたのは、「商売は正直を旨とする」という古き良きヴィクトリア朝的価値観を無残に打ち砕くいかさまだった。言うなればリュッペル詐欺のぼろ儲け。

ヘイスティングズ稀少種捏造事件は鳥類学上もっともいかがわしい詐欺事件の一つで、珍しい鳥がイギリスで見つかったように装って大変な高額で取引きされた。しかしこの事件には風変わりなところがあり、およそ疑問の余地のないまやかしだと判明したのが直接の証拠にもとづくものではなく、だれかのドラマティックな臨終の告白でもなく、なんと数学の成果だった。

一八九二年ヘイスティングズから半径三十キロ圏の狭い地域で、いかなる幸運が舞い降りたのか見慣れない鳥が目撃された（正確には、射撃された。当時はそれが収集のやり方だった）。そのほとんどはジョージ・ブリストウなる人物によって報告されたもので、本人は地元セントレナーズ＝オン＝シーという小さな町の剥製師である。このなかにはイギリスでは初めてのものが少なからず含まれている。たとえば、海鳥オニミズナギドリ、水辺にいるソリハシシギ、さらにアルプスのユキスズメ、そしてノドグロムシクイなどがそうで、これらの珍しい鳥を売ってブリストウは金持ちになった。

「それがどうした」とおっしゃるかもしれない。ブリストウはこの鳥をすべて自分ひとりで集めたなどと吹聴したわけではない。彼のまわりには実際に活動してくれる猟師や採集者の一団がいた。ある意味からすれば彼は現代の州記録官、すなわちその地域のすべての記録を集める人のようなものである。

加えて、近頃はコーンウォール沖のシリ諸島やスコットランドのはるか北のフェアー島のように珍しい鳥をひきつける狭い地域がある。ヘイスティングズもそうだったとしてどこが悪い？

しかしかなり早い段階から人びとはブリストウの行動に疑いを抱きはじめていた。彼がこれを始めた初期のころに、ある一流の鳥類学者がその報告は「眉唾だ」といっていたくらいである。ところがイギリスのリストから記録が最終的に削除されたのはやっと一九六二年のこと――鳥類学会が目引き袖引きする中、ブリストウが報告をとり止めて、四十年以上もたっていた。

ブリストウは頭のいいワルだが、刑事ドラマに登場する知能犯の例に漏れず、完全犯罪などあり得ないことを思い知らされた。幾つもの糸口――小さなことや偶発的なこと――からそのいんちきにほころびが出てきた。

手がかり一：大きな鳥の記録がない。まったくおかしい。大きい鳥のほうが目撃するにも、撃ち落すにも簡単なはず。ブリストウは「ほかにだれも目撃した人がいないのはなぜだ」と言われることがわかっていたから、大きな鳥が入っていないに相違ない。

手がかり二：報告の多くは非常に珍しい鳥が群れを成しているもので、こんなことはバードウォッチングではほとんど起こりえない。ふつう迷鳥というのは一羽だけで——たとえばアフリカへ渡るはずのものが正常なルートからはずれてしまうのである。

手がかり三：ノドグロムシクイを初めとして、報告のほとんどの鳥が内陸部の一つの村ウェストフィールドの藪や野原を出所としている。鳥を撃ったのはそこに住むブリストウの知人である。そんなにたくさんの珍しい鳥がなぜウェストフィールドに落ち着くことになったのか。目撃される迷鳥はきまって海岸に集中しているものである。鳥が何百、何千キロとまちがった方向に飛んだあげく最初に上陸するところで、鳥にしてみれば、休息できるという安心感と、仲間が全然いないからもしかしたらまちがえたのかもしれないという虚脱感の入り混じった気分になっているのかもしれない。

手がかり四：ブリストウは、報告を追跡調査しようとした人に猟師の名前を訊かれると、変に思われるほどありきたりのものにするのが常だった。ところが、不正行為だという噂に抗議するため、あるすぐれた博物学者に送った手紙では、珍しいトビを持ってきてくれたのはグライドという人物だと言っている。グライドはトビの古名グリードに似ているのがうさん臭い。ブリストウがまず鳥を決めてから、そのあとで発見者の名前を決めていることをかなりはっきり示す事例だろう。

しかし、ブリストウが死去して十五年後、その信憑性に最後のとどめを刺したのはこういった小さなどじの総計ではなく統計だった。一九六二年鳥類学会のふたりの重鎮、マックス・ニコルソンとジェイムズ・ファーガソン・リーは、ブリストウの報告が真実とは信じ難い、ほとんど妄想に近いことを数学的に説明した。その議論の要点はこうである。一八九五年から一九二四年の間にヘイスティングズ地域から提出された稀少種の数を、同じ期間の他の地域の記録と比較し、さらに同じ地域の現代の記録とも比較すれば、あれほど一か所に集まることは統計的にありえない。報告は抹消された。それは当初イギリスでの第一号として報告された合計二十九にものぼる種や亜種が削除されたことを意味する。

ブリストウはこれらの鳥をどこで手に入れたのだろう、鳥が昔ながらの翼の力を使わなかったとすれば。どうやら彼は、まるで撃たれたばかりに見えるようにすばらしい状態のまま冷蔵して密輸したらしい。一九七〇年イギリスの新聞記者がそれを自分の目で見たと言っている船室係の男性を見つけた。しかしブリストウの擁護者は船室係が嘘をついていると主張することもあり得る。

陰謀説（事件は偶然ではなく意図的画策によるとする考え方）支持者は、ヘイスティングズ稀少種捏造事件なみの現代的なスキャンダルが今後もまだまだ起こるのではないかと心配、いやむしろ期待しているのかもしれない。しかし多くの陰謀論者と同じくその人たちは、まず死ぬまで望みが叶うことはない。ただしスキャンダルに興味がおありの向きは〈テレサユキスズメ〉（223頁）でリチャード・マイナーツハーゲンの破廉恥な行為をお楽しみいただけただろう。この事件は、多分にその時代ならではの犯罪で、歴史上その時点でだけ犯すことができたものかもしれない。カメラを装備したバードウォッチャーがイギリスの海岸線を埋め尽くす今の時代ならとてもそうはいくまい。確かな裏づけもないのに、イギリスでは初めてのものと称していくつも持ち出すような大それたことは誰もやらないだろう。少なくとも証拠写真がなければだめだ。

ところが奇妙な成り行きで最後に笑ったのはブリストウだった。彼がいうところのイギリスで初めて見つかったという贋物のほとんどすべてが、他の報告のおかげでイギリスのリストに今ふたたび記録されている。それどころか、多くのものが一九六二年以前に信頼できる観察者によって、すでに見つかっていた。もっともブリストウが最初に報告したあとのことではある。そのうちのオニミズナギドリは折に触れて数多く目撃されるし、前に見たようにヨーロッパウグイスは今やイギリスで繁殖している。ノドグロムシクイだけは確かな目撃まで十五年待たなければならなかった。ユキスズメは少数派で発見には至っていない。

ブリストウの擁護者は、報告された多くの鳥が後になって見つかったのだから、彼は汚い詐欺師ではないとする。そこまでは言えないと思うが、少なくともブリストウを、いつの日かイギリスに現われそうな鳥の予報者としては結構優れていると認めてもよかろう。彼はパブで、イギリスにやってきそうな鳥を予測している今どきのバードウォッチャーよりその点でははるかにまし。言うまでもないがこの連中、珍鳥ノドグロムシクイの情報ならなんでも聴こうと、ぐい飲みも辞さぬ構えである。

（松本良子）

ムクドリ
STARLING

『やかましいや、椋鳥め!』

ムクドリ(もっと正確にはホシムクドリ)は、日差しの加減や見る角度によって黒にも緑色にも紫色にも輝く羽をもつ、旧世界ではずいぶん昔からありふれた鳥である。モーツァルトはペットとして飼ってさえいた――おそらくはこれがすでにちょっとした花形ミュージシャンで、彼のピアノ協奏曲第十七番ト長調の一節を歌えたことにほだされて買い取ったとおぼしい。自分が作曲したメロディーをさえずる小鳥にぞっこん惚れこまない人などいないだろう。

しかし、今ではアメリカ全土でムクドリが見られる。いったいどうしてこうなったのか。それはまことに奇妙きてれつな話で、モーツァルトのコミック・オペラにもふさわしい。

みんなに愛されていたり、とても役に立つ鳥や動物がいて、たまたま地理のいたずらでそれがいない場所があったら、そこへ連れて行くというのは一見至極まともで筋が通っている。

一八七七年、「外国種の動物および植物のうち、有用もしくは興味深きもの」を導入するという崇高なる目的を嬉々として掲げたアメリカ動植物順化協会の会長は、ニューヨークの薬剤師ユージーン・シーフェリンなる人物だった。

シーフェリンは、アメリカに入植した人びとが故郷で親しんでいた鳥の中で、美しいもの、愛嬌のあるもの、文化的に価値を感じるものを連れてきて定着させるのをすこぶる名案と思っていた。この理屈の延長で、シーフェリンは最終的にシェイクスピアの作品に出てくる鳥をすべて移入するつもりだったという説もある。シェイクスピアは効果的な比喩を見つけてたくさんの鳥を登場させている。『じゃじゃ馬ならし』を初めとして、あちこちでしばしば手に負えない女性を野性の――調教されても飼い主に逆らって飛び去ってしまう――鷹にたとえていることは、シェイクスピア別人説を唱える人びとに利用されている。この比喩を作品でまったく同じように使っているオクスフォード伯こそ実のシェイクスピアだというのがその主張の根拠である。

シーフェリンはアメリカに鳥を移入しようとする企てを応援してくれる有力な味方を何人も見つけた。ニューヨークの裕福な絹商人で同じ協会員だったアルフレッド・エドワーズは、マンハッタン全域にイエスズメ繁殖用の巣箱を配置する費用を出した。それだけの金を出すならもう少しましなことができそうなものだといぶかる人もいるだろう。名高いアメリカの詩人ウィリアム・カレン・ブライアントは、イエスズメを移入するこうした試みをほめたたえている。このどちらかといえば地味な「古き世界のスズメ」がやってきた

ことについて、ロマンティックにも程があるような詩まで書いて

翼もてる移住者は己《おの》が場を得たり
チュートンやケルトの民と共に

と歌いあげた。この詩をお求めの向きは懐古堂土産物店までどうぞ。

しかし、シーフェリンはニューヨークに新しい鳥を持ち込もうとした最初の人間では決してない。一八六〇年代にはすでにセントラルパーク管理委員会がイエスズメ、ズアオアトリ、クロウタドリを放鳥していることからしても、これはおよそありふれた行動だった。このような考えにはさらにその先がけがある。一八四九年、フランスの博物学者イジドール・ジョフロワ・サンティレールは、外国の生物を導入して食用や害虫駆除に役立てるよう政府に要求し、順化協会の元祖を設立した。それがアメリカの順化協会をはじめ、世界各地のヨーロッパ人入植者のあいだに同様の団体を生み出すきっかけとなった。

しかし、歴史はこれがすべてあまりにも大きなまちがいだったことを恐ろしいほどはっきり示している。ヒバリやウソなど、シーフェリンが移入したイギリスの魅力的な鳥は定着しなかった。おそらくいちばん成功したのはいちばん魅力のない鳥だったと思われる。ムクドリである。ニューヨークという都市はさまざまな理由で騒々しい。自動車、人混み、エアコンの室外機、おしゃべりなラジオ・パーソナリティのハワード・スターン、そして

最後に忘れてならないのがムクドリで、絶え間なくさまざまに鳴き続けている。その声にはどこか電子音のような響きがあって、ラジオ局を探してつまみを回しているのにいつまでたっても見つからないのを聞かされているみたいでいらいらさせられる。どうやらこの物まね巧者は、ニューヨーク特有の語尾を上げる話し方で"Have a nice day"と言うことを覚えたらしい。

ビッグ・アップル（ニューヨーク）をたっぷりかじった「田舎者のお上りさん」（ムクドリ）は、その後アメリカ全土に広がる――毛虫から果物までいろいろなものを食べられる万能のくちばしが助けになった。現在では北アメリカ中いたるところに約二億羽がいる――すべてシーフェリンがセントラルパークに移入した百羽ほどの子孫である。無害とはほど遠く、ムクドリは同じように木のうろに好んで巣を作るムラサキツバメやアメリカオシドリなど、アメリカ原産の鳥を追いやってしまった。それにしても、シーフェリンはそもそもどうしてムクドリを連れてきたのだろうか。ヒバリやコマドリやシジュウカラを「林野の美に寄与する」として移入した協会の美的センスはわかる――もっとも、これらの鳥はほんの死に絶えてしまったが。咎とおぼしいのは、『ヘンリー四世第一部』でムクドリがほんの一瞬シェイクスピアの表舞台に登場することか。ここでエイヴォンの白鳥（シェイクスピア）は、ムクドリは物まねが巧みなことに言及している。

現代のナチュラリストはシーフェリンのことを「正気の沙汰でない」とか、「恥知らず」とまで呼んでいる。しかし後知恵は便利なものでなんとでも言える。鳥類学では、あらゆ

る学問分野と同じく、過去に行なわれたことは現在の目から見るとばかげていたり、ことによれば悲惨でさえある。しかし、その当時には完全に無害と見えたとしてもおかしくない。十九世紀後半には、島にネコやネズミを移入することが自然保護にとってよくないことがたしかにわかっていた。しかし、鳥についてはその点を本当に理解していなかった。あれからわたしたちはたくさんのことを学んだが、その知識は少々手遅れだった。移入された動物がひとたび広まったら、それを根絶するのはとんでもなくむずかしい——鳥が飛び立った後でかごの戸を閉めるようなものだ。

（小川昭子）

数も防除も桁外れ

コウヨウチョウ

RED-BILLED QUELEA

コウヨウチョウはイナゴ鳥とも呼ばれているが、その群れを目にすれば納得がいく。この鳥は、チフチャフほどの大きさしかないため、単独では無害に見える。ところが単独でいることは滅多にない。まさにそこが問題なのだ。サハラ以南のアフリカには、少なくとも十五億のコウヨウチョウがひしめいている——野鳥では生息数が世界一多い——しかも二百万羽にも達するほどの大群で広大な地域を移動して回る。イギリスとアイルランドで繁殖するチフチャフが全部一緒に同じ場所にいるようなものだろう。その丈夫な嘴を使い小麦やキビといった農作物の種子を食べるので、短時間のうちに農地を壊滅状態に陥らせることがある。

コウヨウチョウが暮らしにもたらす脅威は、行動が予測不可能なためにいっそう高まる。この鳥はあちこちを転々と移動し、大量の雨が降ったばかりの草が豊富な場所で巨大なコロニーをつくって繁殖する。ところが草だけでなく土地の農作物も食べるため、地域の暮らしは数週間で立ち行かなくなってしまう。この鳥は大食漢で、一羽あたりの一日の消費量はおよそ体重の半分、十グラムほどになる。

古い記述によると、コウヨウチョウは古代エジプトの時代でも害鳥とみなされていたが、最近事態は深刻化している。一九七〇年代以降、集約農業が行なわれるようになると農地はこの鳥の飼育場と化し、年に三回まで産卵するので、地域によってはわずか数十年で数が少なくとも十倍になった。食糧が豊富だと生息数は急増する。アメリカ大陸のムナグロノジコのように、農民にとって厄介な鳥はほかにもいるが、コウヨウチョウは並外れて数が多いうえに、行動が予測不可能なので最強の害鳥となっている。この鳥は、北から南、東から西といった通常の季節ごとの移動はせずに、餌のあるところへと向かう。

学者たちは、全アフリカ早期警報システムを使って各国政府を助けようとこころみている。最近の降雨を調べて鳥が向かいそうな場所を予報するのである。雨が降るのとコウヨウチョウがくるのとの間には短いながら時間のずれがある——そのため理論的には、システムがきちんと機能すれば、政府は敵の動きをずっと容易に予想できるようになる。インターネットのアフリカの地図には、毎週次に攻撃を受ける可能性がもっとも高い地域が示されている。

コウヨウチョウがくると分かったらできることは？　駆除の準備である。ねぐらに火炎放射器で火をかければ、鳥の総重量で枝が折れたりするほど鈴なり状態でとまっているので、ある程度は成功するが、営巣地をダイナマイトで爆破するのがいちばん効き目がある。また飛行機で農作物に、通称 *quelea-tox*《クウエリー・トックス》（コウヨウチョウ駆除剤）という農薬を撒いてもいい。しかしアフリカのとりわけ貧しい農民は金がなくてこうした高級な手は使えない。だから原始的な人海戦術に頼らざるを得ない。コウヨウチョウとの戦いは、結局農地ごとに人が立ち大声を張り上げて追い払うようになることが多い。この鳥が農作物に与える損害は年に五千万ドル、その大半を余裕のない低収入の農民がこうむっている。

学者の推定では、一年に五千万羽以上が農民に駆除されている。これはイギリスでもっともよく目にする鳥の総数をはるかに上回り、すごい数のようだが、それでもこの鳥の増殖をくいとめることはできない。繁殖力が旺盛で、人間がつくりだした各種食材たっぷりのご馳走を頂戴して数を増やしている。

しかしながら一つ警告が必要。アメリカに生息していたカロライナインコの場合を考えてみよう。オウムに似たカラフルで美しいこの鳥は、数が多く果物が大好物だったので農民から害鳥だと思われた。大きな群れを好み、死んだり怪我をした仲間のまわりに集まる習性があったため、一羽を殺して発砲し続ければ比較的簡単に群れを駆除できた。カロライナインコは、一九一八年にシンシナティ動物園で最後の一羽が死に、絶滅する。同じケージでは四年前に世界で最後のリョコウバトも死んでおり、鳥類の死刑囚監房のようになっている。

鳥は時として害を与えることがあるので、数を抑制する必要がある。しかしコウヨウチョウの有効な駆除方法が見つかったら、それで殺戮をやめるべき時がきたことを肝に銘じてほしい。

（深瀬和子）

鳥脳力

ハシボソガラス

CARRION CROW

日本には食べ物を得るために奇抜な方法をあみ出したハシボソガラスがいる。なんとそれを人間にやらせるのだ。まず道路にクルミを置く——もちろん轢き殺されないよう赤信号のときに。自動車がクルミをひいて硬い殻が割れると中身を取りに行く。イギリスにもハシボソガラスはいるが、この手の名案はまだ思いついていない。もっとも、エディンバラでは、バードウォッチャーがビスケットを水に浸すハシボソガラスを目撃している。建設作業員は普通ビスケットを紅茶に浸して食べるというが、水を使ってそれをそっくりまねしているのである。

この特異な日本のハシボソガラスは、世界一賢い鳥なのだろうか？　多くの科学者は、太平洋の島に棲むカレドニアガラスのほうが頭がいいという。このカラスは嘴で小枝からフックを作り、それを使って穴の中にいる虫を釣り上げる。

数を数えることができるウもいるらしい。ある科学者が、中国でウを使って魚を獲る漁師を観察したところ、ウは八匹目の魚を捕まえるたびにそれを褒美としてもらえなければ、仕事をしないことに気づいた。九匹目や十匹目ではなく、八匹目がもらえないとストライキに突入し、棒の上にウーともスーとも言わず止まったまま動こうとしない。

今まで紹介した例はすべて、餌がからむ場合に動き出す物理的知能である。しかし、科学者は鳥の社会的な知能にも注目している。鳥社会の序列の中で自分がどんな位置を占めているか、それに従ってどんな振る舞いをとるべきかをきちんと心得た鳥がいる。セグロカモメとウタツグミの章で出てきたオーストリア人科学者コンラート・ローレンツは、一九五〇年代に、人になついたコクマルガラスの群れを飼っていたが、そのメンバーにみられる複雑な行動について記録を残している。カラス科のこの鳥はイギリスのどこにでもいる。ハシボソガラスと比べると小型で、首の後ろに灰色の冠毛があるが、その他の点はよく似ている。この群れには、厳しいつつき順位ができあがっていた。つつき順位とは文字通りそうなので、「餌をつつく」だけでなく必要とあれば、定まった序列を維持するために、年長の鳥が若鳥を嘴でつつくことがある。しかし、どの鳥もメンバー内の自分の順位を心得ているため、直接身体に攻撃を加える必要はほとんどない。そんなわけで、順位の高い鳥が、誰がボスであるかを思い出させるために、すぐ次の順位のメンバーをつつくことがたまにあるが、群れのはるか下位にいるものには、そんなことをする必要もないため、普通は知らん顔をしている。ごく若い鳥でさえ自分の順位をわきまえていて、そのおかげで、上位の鳥に無視してもらえる。それが若い鳥にとって何よりも有難いことだった。しかし、

ハシボソガラス

序列の中間にいる個体は、やはり最下位のメンバーを威嚇した。ずいぶんややこしい話だが、さらに輪をかけてややこしくなるのは、ナンバーワンの雄が下位の若い雌に惚れこんだときである。ヴィクトリア朝の貴族がマッチ売りの少女を見初めたようなものだが、これに気づいたとたん、雌は自分の新しい地位をこれ幸いと、今や自分より順位が下になった仲間をいじめはじめた。この雌は、自分の社会的身分があっという間に変わったことを理解できただけでなく、ジェイン・オースティンの小説に出てくる成り上がり者も顔負けの信じられないほどの非情さを示した。

とはいえ、鳥がみなこれほど賢いわけではない。カラス科の鳥はだいたい「遠まわりテスト」に正解を出す。つまり、ほしい餌を手に入れるためには餌から遠ざかる必

要があるというコンセプトを理解できる。この実験は鳥と餌の間にガラスの仕切りを置いて行なわれるが、クルミを人間に割らせることができるカラスには、ガラスのテストなんぞなんの造作もなく解けるらしい。ところが、メンドリはこれがうまくできない。はっきり言って結構アホなのだ。また、つつき順位を維持するのにつつき行為はあまり必要がないことがわかるほどりこうでもない。それで、コクマルガラスとはちがい、自分より順位が下のものすべてに対して、口を出すなとばかり、出さなくてもいい口を出す。

しかし、カラス科の鳥よりオウムのほうがずっと頭がいいという学者もいる。天才オウムの草分けは、十八世紀のイギリスの肖像画家、サー・ジョシュア・レノルズが飼っていたペットのコンゴウインコで、レノルズの肖像作品にたびたび登場している。コンゴウインコを持っていれば、画家に霊感をおこさせるモナ・リザのような美人は必要ないのだ。サー・ジョシュア・レノルズのメイドが嫌いだったコンゴウインコは、弟子のひとりが描いたその女の肖像画に、止まり木から一気に襲いかかったという。そして、人を見分けられるほど賢いことと、自分の飼い主が絵の師匠としてすぐれていることの二つを証明してみせた。

二十一世紀には、二羽のオウムが、正真正銘の鳥のアインシュタインとして注目を集める。二羽ともヨウム（インコ科の鳥）である。アレックス（Alex：Avian Learning Experiment「鳥類学習力実験」の略）は、五十種類の物を識別し、それぞれの形や色、材質を言葉にあらわせる。一方、ンキーシーは、千語近い語彙を持ち、それを使って筋の通った自分の意見を述べることができる。教わったことがない新しい組み合わせで単語を並べる――これは単なる物まねでないことのあかしである。たとえば、アロマセラピー・オイルを「とてもいいにおいの薬」と判断する。また、ンキーシーはたまたま、サルの知能の証明に大きな役割を果たしたサルのエキスパート、ジェイン・グドールと愛するチンパンジーが一緒にうつった写真を見せてもらったことがあった。ある日グドールがンキーシーのニューヨークの家を訪れると、ンキーシーは実にぴったりな気の利いた挨拶をした。ひょっとしたら、わざと冗談を言ったのかもしれない。「チンパンジーつれてきた?」

（庵地紀子）

鳥の声を言葉にすれば

キアオジ

YELLOWHAMMER

自然愛好家たる者、必ずこんな人生の大問題と対峙せざるを得ないときがくる。「鳥の歌をおぼえるなんて大変なことをやらなきゃならないんだろうか？」

外国語を身につけるよりも、詩の韻律をおぼえるよりも、キルケゴールの全作品をデンマーク語の原書で読破するよりも（キルケゴールならチョーサーを解読するよりはましかもしれないが）むずかしいように思える。大きな問題点の一つは、鳥に唇がなく、子音を発音できないこと。鳥の見分け方のガイドブックはこのやっかいな問題に対して知らんぷりを決め込み、適当な子音を当てはめてすましている。たとえばアカゲラの一音の鳴き声は、kik と表記されることもあれば chik や pik のこともあり、あれやこれやついにはほとんどすべての子音を使い尽くすことになる。

おぼえ方のひとつは、人間の言葉だったら何と言っているように聞こえるかを考えることで、その例としてイギリスでいちばんよく知られているのが、キアオジの“little bit of bread and no cheese〟（ちっちゃなパンひとかけチーズ抜き）だろう。農耕地に生息し、鮮やかな黄色に黒い筋の入った頭を持つこのホオジロ科のすてきな鳥は、乳製品抜きの食生活を通しているからぴったりこの上ないし、キアオジの歌の写し取り方としても悪くない。（おまけに変てこりんな文だから記憶にも残る。）キアオジは、フィンチの仲間のように「ほら見て見て」とばかりにそこらをうろちょろ飛びまわったりはしない。それどころか低木に止まって控えめに鳴くだけ。嘴を開け閉めするほかは身動きもしない。やぶの天辺にいることも多いので、どのあたりを探せばいいかわかっていれば、じっくり眺めることもできる。ただし、それもキアオジの鳴き声を知らなければむずかしいだろう。

キアオジの例に劣らず鳴き声をうまく言葉にしているのが、アカライチョウの〝go back, go back〟（帰れ、帰れ）である。近づいてくる人間の多くはアカライチョウを撃とうとしているのだから、まさに筋が通っている。そのほか、シジュウカラの四音の鳴き声を表わした〝teacher, teacher!〟（先生、先生！）は何かを強く訴えているような感じをよく捉えているし、モリバトの〝two cows, Taffy〟（タッフィー、牛二頭分）は、農村を舞台にしたＢＢＣのラジオドラマ『アーチャー家の人びと』の登場人物が、ウェールズ人（タッフィーはマザー・グースに登場するウェールズ人の泥棒の名前）に牛を二頭よこせと注文するせりふを思わせる。

イギリス以外の鳥でおぼえやすい鳴き声といえば、アフリカヒヨドリ（アフリカに生息する、ヒバリほどの大きさの地味な茶色の鳥）の〝quick doctor, quick〟（ドクター、早く早く）

がよく知られている。今は絶滅したと考えられているアメリカ大陸のハシジロキツツキは鳴き声が銃の発砲音にそっくりだった。そのために、収拾がつかない大騒動になったこともある。鳴き声を録音したと信じ込んでハシジロキツツキを再発見したと主張する男が現われたのだ。結局、銃声だったことがわかった。さて、外国の鳥を取り上げるとなれば、当然、ちがう言葉でちがうことを言っているはずだ、という問題に突き当たる。たとえばアカメジュズカケバトは、同じアフリカでも英語圏では、いかにもハトの鳴き声らしく強く主張するような調子で“I AM a Red-Eyed Dove”（わたしはアカメジュズカケバトなんですよ）と鳴くが、フランス語圏になると、“Je PLEU-re-re-re-re”（わたしは泣いているんですぅ）」と鳴く。

実際問題としては、鳥が何と言っているか、どう考えようと問題ではない。鳴き声をおぼえる助けになればそれでいい。しかし、この手法が通用するのは鳥の一部の、鳴き声がわずかな数の音で構成されているものだけである。ズグロムシクイのように永遠に続くかと思うほど長々と鳴く鳥には使えない。アリア一つにもフラリッシュ（演奏者がつけるはなやかな装飾的楽節）を延々と続けずにいられないオペラ歌手のようで、たいへん魅力的ではあるけれども。

とはいえ、実は鳥の歌をおぼえるのは思うほどむずかしいことではない。初めに少し努力する気になりさえすればいい。ほんの二、三種類の歌をおぼえてしまえば、どんな鳥の歌でも、とまでは言わないが、ほぼすべての鳥の声をおぼえることができる。イギリスなら、緑が少なくてもたいていどこでも鳴いていて、街中にもいる鳥、ミソサザイ、ヨーロッパコマドリ、クロウタドリの鳴き声がわかるようになれば土台としてはじゅうぶん。それと比較することでほかの鳥の声もおぼえられる。たとえば、ヨーロッパカヤクグリの鳴き声はミソサザイに似ているが、それほどきつい調子ではない。ノドジロムシクイの鳴き声はヨーロッパカヤクグリに似ているが、もう少しひっかかるような感じがする。ズグロムシクイの鳴き方はノドジロムシクイに近いが、もっと長く、フルートに似た感じがする、という具合。今ではMP3プレイヤーがあるから、基準となる鳥の声をあらかじめCDで聴いておぼえていく必要さえなくなった。多くのバードウォッチャーは、何百種もの鳥の鳴き声をダウンロードした機器を持って行き、現地で気軽に聞き比べている。

鳥の声を覚える大きな利点のひとつは、姿よりも声で識別できる鳥の方が多いことである。鳥の繁殖分布調査でも、記録された鳥のかなり多くが鳴き声で分けられている。散歩していてふとナイチンゲールの声が聞こえてきたら、鳥が藪から出てこようとしなくても、そこにいるのがわかったという満足感が得られる。

鳥が言葉にすると何と言っているか、人間は何百年経っても同じように聞いているものと思うかもしれない。しかし、実は時代とともに身のまわりにあるものが変わればそれも変わってしまう。ミズナギドリの仲間は、昼ははるか沖合を飛びまわり、夜、巣に戻ってくるという実態のつかみにくい鳥で、昔は鳴き声が悪魔の笑い声とされたり、あまりロマンティックでない想像から、妖精が仲間とばか騒ぎをしたあげくに嘔吐する音とされたりしていた。悪魔や妖精を誰も信じていない現代ではそんな表現は力を失ってしまった。今日では赤ん坊の泣き声にたとえることが多い。泣きわめく赤ん坊なら誰もが目にしている。また、フィンチの一種ベニヒワの鳴き声はまさに電話（テレフォン）が鳴る音そっくりだったが、そう言えたのは携帯電話の着信音に自分の好きな音を選んで使うことがあたりまえになる前の話。今ではそんな説明は通じない。ベニヒワの声はレディー・ガガのヒット曲「テレフォン」とは似ても似つかないし、似ているなどと言えばベニヒワもレディー・ガガも気を悪くするだろう。

キアオジの歌にこめられている節制をうたったメッセージも、肥満が蔓延しているこの時代には時代遅れではないか。"little bit of bread and no cheese"を現代風にするとどうなるだろう。"Happy Meal, Cola and French fries"（うまい昼めし、コーラにポテト。）とか？

（三宅真砂子）

なんでこんなところに？

オナガ

Azure-Winged Magpie

新種の鳥の探求者が、砂嵐、吹雪、凍傷、マラリアとたたかいながら（鳥探しの無類のご苦労話については〈コウテイペンギン〉（46頁）を参照のこと）、不愉快千万、危ないことこの上ない場所をうろつき回るのはいったいなぜなのか、そのわけはよくわかる。新種の鳥――理想的にはきらびやかな羽に、体つきはすっきりの鳥が見つかるかもしれないという期待からである。

というわけで、この仕事につきもののありとあらゆる試練と艱苦に耐えながら、何千キロも離れた場所で発見した鳥が、なんと自宅の裏にいるのとそっくりという結果に終わったら、その落ち込みぶりは察するに余りある。

その完璧な例が東アジアのオナガである。体は大きいくせに姿は優美で、青い翼に、思い切って長くこれまた青い尾、頭は洒落た黒い帽子のようなこの鳥は、北京の夏宮殿に旅すればいつも群れをなして頭上を飛んでいる。宮殿を囲む緑の森をすみかにしているのである。東京の全くの都会地でさえありふれた鳥で、名誉と言えるのかどうかわからないが「世田谷区の鳥」という名を奉られている。

西ヨーロッパの端にあるスペインとポルトガルでもオナガは見られるのに、アジアとの中間には全く生息していないことは鳥類学上の奇妙な現象である。この二つの集団はヨーロッパの他の地域とアジアのほとんどの地域で隔てられている。このことについて考えられる理由としては、イベリア半島の船乗りがこの美しい鳥を気に入って、故郷に土産として持ち帰ったからだという話もある。今ならご当地Tシャツでも買って帰るところだろうが……

世界にはそうした鳥類の変則現象が数多く見られる——同じ種類の鳥が遠く離れて生息しているということ。ヨルダンの北部高地にいるアオガラもそうで、アオガラなんてうちのすぐ裏にもいるじゃないかと拍子抜けするかもしれないが、そのグループはもっとも近くに住むほかのアオガラからはおよそ五百キロ近くも離れているのである。同じような事例はイギリスにもある。カンムリガラは、白黒の頭頂部の先細りした端がみごとな羽毛になっていて、シジュウカラ科の鳥の中でもいちばん愛らしい鳥だが、イギリスではスコットランド高地の松林にしか見られない。スコットランド高地はいちばん近い生息地である北フランスとノルウェー南部からは何百キロも離れている。

さきに述べた陽気な船乗りの土産話が信じられなければ、この現象がどうして起こったか、その説明はほかにもある。多くの事例を通じてもっともあたっていそうなのは、こうした集団は「残存集団」だという説である。たとえばオナガはかつてはヨーロッパとアジアのずうっと全域にわたって見られたが、現在残っている集団は昔の生き残りだという。

しかしある種の鳥については、また別の反対の説明もなされている。現在孤立状態にある集団は、未知ながら将来は見返りのありそうな地域へ思い切って飛んでいってそこに定着した、と考える。ナキイスカを取り上げてみよう。ナキイスカとは、他のイスカの種類と同様に上下の嘴が先端で交差していて、それをピンセットのように使い、松かさの芯から種をとり出す鳥である。そのうちの一団はアラスカ、カナダ、北米地域に、もう一団は北部アジア、ヨーロッパ北東部地域に生息しているが、さて第三の集団はどこにいるか、皆さん当てられますか？　いろいろ答えは出てくるでしょうが、まずまちがっていることまちがいなし。答えはヒスパニオーラ島、陽光の注ぐカリブ海の中央に横たわる島です。

ナキイスカの場合には、ヒスパニオーラ島と北アメリカの北部の中間にいる集団が絶滅したのかもしれない。しかし通常の生息域を遠く離れてヒスパニオーラ島にたどり着き、そこが気に入ったイスカがいたということもありうる。

それは、イスカがはるか北方の多くの種類のように「大繁殖型」の鳥だからである。その中には、冬イギリスにやってくるシロフクロウやレンジャク（個体ごとに赤、黄、白、茶や黒などの色をちょっぴりつけた異国風の鳥）も含まれる。それはいわば、長時間にわたってバスが全然こないのにくるとなったらいっぺんに三台くるという不思議の鳥類版だろう。大繁殖型の鳥はふだんはいつものテリトリーに留まって満足しているが、食料の供給が減ってくると群れをなして新しい縄張りに散って行く。

よくあることだが人間がからむと話がややこしくなる。二〇〇七年フロリダのエヴァグレーズ国立公園で一羽のナキイスカの死骸が見つかって、これは不思議だと大騒ぎになった。はるばるカナダから飛んできたのか、それともヒスパニオーラ島の集団からか? いちばん当っていそうな説明は残念ながらいささか冒険活劇には欠けるけれども——片やとびきりとんまなナキイスカ、片やバカンスでフロリダへくり出すこれまたとびきりとんまなカナダ人満載の車、さて件《くだん》のナキイスカ、いかなるはしの食いちがいかその車に激突してしまったが、そうとは気づかれもせず運ばれて目的地に着いたとたん地面に振り落とされたというお粗末。落ちまでついたこのとんだバカンス大奇譚、いかがでしょう?

この話は意外な展開を見せて、何百年も昔に、自宅の裏庭にいるのと同じ鳥の超遠隔地版を発見した学者が、遅ればせながら今、科学の飛躍的な進歩によって救い出されるという事態になっている。鳥をいろいろ異なる種に細分しようという流れがあって、このヒスパニオーラ島産のナキイスカ(Two-Barred Crossbill)についても、今や独自の種に分類されることになりHispaniolan Crossbill(和名ヒスパニオーライスカ?)と味もそっけもない名前になってしまった。最近のある論文は、オナガもアジアとヨーロッパの別々の種に分けるべきだとしている。どちらの場合も、異なる集団が長いあいだ離れ離れになっていた結果、互いにそっくりながら別個の種に進化したように思われる。ただ一つ問題があって、多くの場合、そもそもそんなに時代遅れの新種を誰が最初に見つけたのか思い出せる者がいない。もちろんそうした鳥が新種と考えられていなかったからで、そんな状況で発見者がその新種に名前を残すことなどまずありえないだろう。これぞ歴史の苛酷さというものか。

（西谷 清）

カラフトムシクイ

PALLAS'S WARBLER

オペラ、戦争、そして鳥

晩秋の冷え冷えとした朝、イギリスの東岸のどこか風の強い場所でバードウォッチャーが茂みの中をごそごそ探しまわっていたら、そのお目当ては苦労のし甲斐があったと思えるような鳥である。ミソサザイみたいなまるっきりありきたりの鳥が藪に潜んでいるところを見つけたって、凍えきった野鳥観察者にしてみれば、その辛さが充分に癒やされたとはとても思えない――苦労は報われて然るべき、というような因果応報的感覚が十月のノーフォーク州の冷気さながらじわじわと読者の皆さんに伝わってくれれば、しめたものですが……。バードウォッチャーっていうのは、多少なりとも変わった鳥が見つかって辛い朝の苦労が報いられないと、いわく言いがたい憤りを覚えるものなんです。

野鳥観察者はある特定の鳥を見たいという夢を抱いている。フットボールファンが、ひいきのチームがFAカップで優勝することを空想したり、十代の男の子が女の子についてあれこれ思い描いたりするのと変わりがない――そしてノーフォークのバードウォッチャーがたいてい夢に描くのは、珍鳥カラフトムシクイである。

小さな鳥の中でも、この鳥はとりわけ小さい。頭の先からしっぽの先までわずか九センチ。アオガラと比べてさえ、こっちの方が小さい。しかし、ムシクイはその小さな緑色の身体に何本もの綺麗な黄色い帯をうまく巻きつけている――尻には黄色の太い縞が一本、両方の翼に二本ずつ、頭のてっぺんに一本、そして両目の真上に一本ずつ。早く言えば、カラフトムシクイはまさにちっぽけな「空飛ぶトラ」――草木の間を徘徊してその色に染まったトラさながらである。

カラフトムシクイは、一八九六年にクレイ・ネクスト・ザ・シー（人の心をひきつける鳥をひきつけることで知られたノーフォークの村）で、高い草むらを無心に飛びまわっているところを撃ち落とされるまで、イギリスでは皆目目撃されたことがなかった。次は一九五一年まで見つかっていない。こんなふうに極端に数が少ないのには、筋の通ったれっきとした理由があって、実はこの鳥は、数千キロも離れたシベリアでひなをかえし、温暖なアジア各地で冬を越すと推測されているのである。

しかし、ここ数十年間というもの、カラフトムシクイは「天から降ったか、地から湧いたか」を半ば地で行って、まさに天から降ってきている。最近ではたいてい秋に、ほぼ四十羽がイギリスで見つかっている。大量の電子メールや文書による通信が飛び交う今日、どれほど多くの人が目撃情報を度ごとに受け取っているかを考えると、ある年にイギリスでほんとうにカラフトムシクイを見たいと思えば、多分そのとおりになるだろう。

カラフトムシクイがこれほど多く目撃されるようになった事態に、もっともわかりやすい筋の通った説明を与えるとすれば、次のどちらかになる。一つはカラフトムシクイの数が全体的に増えた。もう一つはこの鳥の繁殖地域が著しく西に広がりイギリスに近づいた。大変困ったことに、どっちの説明もはっきり真実とは言いきれない。したがって、こうした事態が起こったわけを理解するためには、日常的な論理を超えて深遠な東洋の哲学にどっぷり浸らなければならない。

禅の修行では、次のような問いが投げかけられることがある――森で木が倒れたとき、誰ひとりその音を聞く者がいなければ、倒れる音はし

たことになるのだろうか。もしカラフトムシクイがノーフォーク州の藪にやってきても、野鳥観察者がそこにいて、現代の驚異的に明るいハイテク双眼鏡をその鳥に向けることがなければ、果たして鳥はきたことになるのだろうか。

おそらく、カラフトムシクイは何百年にもわたってイギリスまできてはいたのだが、誰もそれに気がつかなかったのだ。十八世紀からこのかた、イギリス人は野鳥にめざましい興味を示すようになったが、それにもかかわらずこのことに気づかなかったのは、ぼんやりしていたからではなく、適切な光学器械がなかったからだろう。

現代の双眼鏡にいたる歴史的な進歩を始動させたのは、オペラへの熱愛だった。続いては戦争に対する愛、やっと最後に野鳥に抱く愛がくる。役立たず、というよりはましな程度の最初の双眼鏡はオペラグラスだったが、初期のものは対象物を三倍程度に拡大するだけで、明るい光に照らされた舞台ならいざ知らず、オペラにきている仲間などを見るにはあまり向いていなかった。しかし軍隊はすぐに悟った。オペラ座の舞台でソプラノ歌手が跳ねまわる姿を見るのに使えるなら、敵兵がこっそり戦場を進むのを探り出すのにも使えるだろうと。これが双眼鏡の革新に勢いをつけた。しかし、第二次世界大戦で陸軍将校が初めて使った双眼鏡をわたしも覗いてみたのだが、双眼鏡はこの段階でもまだ改良の余地がたくさんあったとはっきり言っていい。双眼鏡が現代の高水準にまで引き上げられたのは、ひとえにバードウォッチングの人気が爆発的に高まったからである。そこで初めて、倍率を高めると同時に技術的な進歩により鳥の像の光量を最大にすることが可能になった。その結果、これまでは暗いシルエットにしか見えなかった鳥が、繊細でみごとな色彩の羽衣をまとった生物に変身する。こうしてカラフトムシクイは数秒のうちに見分けられるようになった——この鳥はひとつの茂みに長居しないことで知られており、見られるのはせいぜいこれくらいの時間しかないのである。

しかし、カラフトムシクイが定期的にイギリスにやってくるという事実が遅ればせながら分かったおかげで、まったく新しい難問が生じた。どうして、こういうことをするのだろうか。仲間の大部分は地球の向こう側に渡るというのに。

なぜこんなに多くのカラフトムシクイがこちらに渡ってくるのか、という問いには二通りの説明ができる。一方の説明では、この鳥たちはド阿呆だということになり、他方では、すばらしく利口だということになる。

イギリスにやってくるカラフトムシクイは、進化によって培われた渡りの衝動をきちんと与えられてはいるが、正しい方向に渡るという大事な最後の仕上げが刻み込まれていなかった。つまり、誤った方向に進むはぐれ者なのかもしれない。渡りをはじめる時点でたまたままちがった方向を目指してしまえば——南東を目指して数千キロ飛んでいくかわりに、西に向かって同じ距離を飛ぶとすれば——結果的に多くのものはイギリスに到着する。適者生存の理論から見れば、この鳥たちは最大の不適者である。しかし種全体としてみれば、こんなことは問題にならない。この種の大部分はいまだに正しい道を進んでいるのだから。

その一方、イギリスにくるカラフトムシクイは偵察隊——うまい越冬地があるかどうか調べにきている――という説明もできる。とするとこれはまるで、西部劇に登場する屈強な開拓者である。「シュッパーツ!」。映画では、開拓者たちは大声で叫ぶ。ところが新天地を目指すカラフトムシクイは、そんなに勇ましくない――ずっと暗い一本調子の一節が好きで、その哀調を帯びた鳴き声は、時に(以前と比べて今の方がずっとひんぱんだが)緑と黄色の小さな宝石のようなこの鳥が、奇跡のようにイギリスにきていることに気づかせてくれる。

(横堀冨佐子)

オナガムシクイ

DARTFORD WARBLER

温暖化の恩恵？

オナガムシクイは、英語ではDartford Warbler（ダートフォードのムシクイ）と呼ばれ、イギリスの地名にちなんで命名された世界で数少ない鳥の一つである。一七七三年に初めてケント州のダートフォードで見つかったのだが、イギリスがこの鳥のいる国というのは何とも奇妙な気がする。

オナガムシクイのイングランドでの足場ならぬかぎ爪場は、これまでずっと不安定だった。というのも、冬になったら、もっと暖かくて餌の昆虫がたくさんいるところに渡ればいいのに、頑として居座っているからだ。一九六二年から六三年にかけての冬はことに寒さがきびしく、数が大幅に減り、しぶとく生き残ったのは、わずか十数つがいだった。さながら、ナポレオンの真冬のモスクワ遠征から帰還した数少ないフランス兵。フランスでは、さしずめ'Vive la Fauvette Pitchou（オナガムシクイ万歳）'と言うところか（まだ言っていないのなら、ぜひとも言ってください）。生息数は、その後およそ三千つがいにまで回復したが、寒さのきびしい冬が訪れたら、またもや大打撃を受ける。つまり、ゴードン・ブラウン元首相がよく言っていた「好況と不況の波」にさらされやすいということ。その後、好況が不況に転じて、ブラウンさんは「好況と不況の波を止めた」という大言壮語を訂正するはめになり、急いで声明を発表した。

オナガムシクイは、胸があざやかな赤みがかった紫色で、喉に白い斑点がある。斑点は顎髭のように見え、老人のような印象を与える――老人といっても、知恵者ではなく頑固爺さんといった感じ。イギリスでかろうじて生き延びているのは、どうやら、猛烈な勢いで子どもの数を増やして、集団消滅の危機から立ち直ることができるかららしい。けれども、イギリスはつねに生息域のいちばん端にあたるようで、たいていのつがいはヨーロッパ本土で繁殖する。とはいえ、科学者によると、オナガムシクイのイギリスでの不安定な生活は好転することになるかもしれない。人間がもたらした地球温暖化の恩恵にあずかる可能性があるのだそうだ。

地球の温暖化がどんな種類の生物であれ都合のいいこともあるなんて、邪説のように聞こえるが、イギリスのオナガムシクイの場合、ずばりあてはまるかもしれない。気温が上昇したら冬の寒さがやわらぎ、この国での絶滅に近い状態に歯止めがかかる。南のスペインなど現在は生息数の多い地域が、あまりにも暑くなって乾燥し、昆虫の少ない荒れ地と化して好みに合わなくなったら、イギリスは本拠地にだってなりうる。イギリスのムシクイの仲間で渡りをしない鳥は、ほかにはヨーロッパウグイスしかいないが、この鳥も温暖化の恩恵にあずかる口だろう。寒さのきびしい冬が続いたら、やはり、同じような集団消滅の危機にさらされる。

地球の温暖化については、もう一つ、イギリスのクロウタドリやイエスズメなど渡りをしない留鳥にも恩恵になるかもしれないという説がある。冬の寒さがきびしくなければ、春の訪れが早くなり、すぐに繁殖を開始できる。

気候の変動は、鳥にとって都合のいいこともある――少なくともイギリスでは――という例を二つあげはしたものの、ほかの鳥には、当然ながら大迷惑。

これは、種間競争の問題でもある。留鳥がいつもより早く繁殖を始めたら、イギリスにやってくるツバメなどの渡り鳥は、遅れをとる。たとえば、巣の一等地がすでに占領されているというような憂き目にあう。

概して、地球の温暖化が鳥類にどんな影響を与えるのかは、漠然としかわかっていない。そもそも、温暖化が個々の国の気候にどんな影響を与えるかということからして、はっきりしたところはわからないのである。イギリスに与える影響でいちばんよく唱えられているのは、気温が高くなるという説だろう。ところが、温暖化は、複雑な作用によって、メキシコ湾流の流れを変えてしまうかもしれないという説もある。メキシコ湾流といえば、イギリスがこんなに北にあるわりには、冬でもめずらしいくらい暖かい理由になっている海流である。となると、正反対の影響が出るとも考えられる――イギリスの冬は北極みたいに寒くなって、オナガムシクイは絶滅するが、ユキホオジロなど北極圏の鳥に都合がよくなるとか。さらに、科学者によると、冬はおおむねもっと暖かくなるとしても、極端な気象現象が発生するかもしれない。たとえば大寒波――そんなものに襲われでもしたら、渡りをしないムシクイ類の運命は逆転しかねない。

気候の変動で重要な点は、具体的にどんな事態を引き起こすのかわからなくても、事態が、何であれ、きわめて即座に生じるということ――発生が速すぎてついていけない鳥が少なくないのは、ほぼまちがいない。鳥は、たいていの場合、自然選択の過程を経るのが比較的遅く、気候の急激な変動に対応できない（さっさと進化した鳥もいる。その例は〈ズグロムシクイ〉（199頁）を参照）。大規模な気候変動は、これまでにもすでに発生しているが、通常は、どんなに速くても数千年、数万年の単位で進行し、そのため、少なからぬ種には変化に対応する時間がじゅうぶんにあった（変化の速度が遅くても絶滅した種はいる）。現在、ツバメが、最適な時期に渡りをするのはそのように進化してきたからであって、この習性を変えるにはずいぶん長い時間がかかるだろう。ツバメは、オナガムシクイに負けず劣らずそれなりに、頑固である。これまでは、この性分に救われてきた。イギリスに到着するのが早すぎも遅すぎもしないようにプログラムされている。早すぎたらイギリスではまだ冬だし、遅すぎたら、みんなでアフリカに帰っていく前に子育てする日数が少なくなってしまう。けれども、これから先は、強情な性格が身の破滅を招きかねない。まさにそれと時を同じくして、オナガムシクイのイギリスでの運命は好転することになる。

イギリスがもっと暖かくなるとしたら、変化はさまざまな形で生じ、ヨーロッパ本土の鳥や昆虫、植物でも影響を受けるものが出てくるだろう。オナガムシクイの数が増えるのは、その現われの一つにすぎない。だから、いつの日か、ロンドン郊外のロムフォードでブドウが実って、シャトー・ラフィット・ロートシルトがシャトー・ド・ロンフォール（ロムファードのフランス語読み）なるワインに美酒の王座を奪われるとか、イギリスのオナガムシクイが前世紀に姿を消したダートフォードに帰ってくる、なんてことだってあるかもしれない——まさに世の中さかさまにひっくり返るという次第。

（中尾ゆかり）

チフチャフ

CHIFFCHAFF

そっくりさん判別の快挙

鳴き声はイギリスの鳥の中でいちばん単純。体は全体が緑がかった黄色で、ときには灰色に近く、藪の真ん中でぴょんぴょん跳ねまわって腹の立つほど見つけにくい。それでは、短いけれど艶のある鳴き声からチフチャフと名づけられたこの鳥の魅力は、どこにあるのだろう。

カッコウは春の訪れを告げる鳥とされ、イギリス人はその年の最初の鳴き声が聞こえたかどうかで大騒ぎする。カッコウの初鳴きはイギリスの風物誌にもなっていて、タイムズ紙には、飛来を知らせる便りが全国各地から寄せられる。ところが具合の悪いことに、春はいつもカッコウよりずっと早くやってくる。カッコウは四月の半ば近くにならないと姿を見せない。それにひきかえ、チフチャフは三月のよく晴れた暖かい日に鳴き声を聞かせてくれる。最近はイギリスで冬を越すものもいるが、鳴くのは春になってからである。

だからチフチャフは、春の訪れを告げる鳥にふさわしいと言えるが、それよりもっと大きな魅力がある。とびっきり可憐な鳥でもあるのだ。メボソムシクイ属の鳴鳥で、イギリスで繁殖する三つの種のひとつなのだが、三種は、いずれもみごとに均整が取れ、頭と尾と翼は体に対して大きすぎも、小さすぎもしない。控えめな美しさは、じっくり眺めなければわからない。つまり、極楽鳥のような絢爛豪華な美しさとは正反対ということ。その三つの種とは、チフチャフのほかは、瓜ふたつのキタヤナギムシクイと、モリムシクイで、どれもとてもよく似ているので、このふたつの種と見分けるという難題が、チフチャフに惹かれるゆえんとなっている。

鳥の種類をずばりと言いあてる楽しさは、バードウォッチングの醍醐味のひとつ。チフチャフは難問中の難問である。十八世紀にハンプシャー州に住んでいたギルバート・ホワイトという教区牧師は、世界初のバードウォッチャーと言われ、イギリスに三種類のメボソムシクイがいることに初めて気づいた人物でもある。双眼鏡のない時代に、これほどよく似た三種を見分けたのは、あっぱれというほかない。ちなみに、チフチャフは脚が黒っぽく、キタヤナギムシクイの脚の色は淡い。脚の色のちがいは、鳴き声を別にすると、このふたつを見分けるいちばんの手がかりになる。

ホワイトはチフチャフとキタヤナギムシクイとモリムシクイが同じ種ではないことを明らかにしたが、ホワイト亡き後も、イギリスの鳥のそっくりさんを見分ける仕事は引き継がれた。それは、ジョージ・モンタギュー中佐が、中年の危機の典型と言ってもよさそうな災難に見舞われたおかげである。中佐は四十代の十年間に、もののみごとに次から次へと、派手にスキャンダルを巻き起こした。不倫あり軍法会議あり、息子を相手の訴訟騒ぎでは一族の財産を失う。あげくの果てに、人目を避けてデヴォン州の小屋に引きこもり、バードウォッチングなる風変わりな趣味に余生を捧げた（スキャンダルの張本人の愛人を連れて行ったから、近所の人も寄りつかない）――十九世紀初頭のイギリス社会では狂気の沙汰の極みである。伝統的社会のマイナスは、バードウォッチングにはプラスになり、モンタギューは、まぎらわしいことこの上ないイギリスの二組の鳥を初めて区別することに成功した。ノドグロアオジ――今でもイギリスでは、中佐が暮らしたデヴォン州南の田舎に生息する――とキアオジが別の鳥であること、そして自分の名字を冠されたモンタギューチュウヒがよく似たハイイロチュウヒと別の鳥であることを発見したのである。中佐としてはさっぱりうだつが上がらなかったとしても、鳥の区別では大いにその名が上がった。

それでも、バードウォッチングの数ある快挙の中でホワイトの業績こそ最高だと訴える声が、ファンのあいだから聞こえてくるかもしれない。少なくともモンタギューは、チュウヒが広々とした大空で、翼を斜め上に向けたV字滑空のおなじみの姿でゆうゆうと舞うのを眺めるという恩恵に浴した。しかし、ムシクイのように小さく、通常は茂みの奥に隠れている鳥の種を見分けるには、数々の苦難を乗り越えた旧約聖書のヨブのような忍耐力が必要だったにちがいない。こんなふうにたとえてさしあげたら、牧師のホワイトさんはさぞかしご満悦だろう。

（中尾ゆかり）

崖っぷちからの生還

チャタムヒタキ

CHATHAM ISLAND ROBIN

もしもある種《しゅ》で生殖可能な雌が世界中であなたしかいないという事態になったなら、あなたのその種は、絶滅という運命をまだ免れながらも、それにこの上なく近い状況に置かれているのです。けれども、そこまで近くなってまた元へもどるということが、いったいあり得るでしょうか？　チャタムヒタキの歴史は、まさにそれにあたります。

一九八〇年には、チャタムヒタキはマンゲレ島に五羽しかいなくなり、そのうち営巣できる雌はたったの一羽だった。マンゲレ島とは、ニュージーランド南島から東へ約八百キロ離れた海上に浮かぶ小さな島である。

同じほど絶滅の寸前まで行って回復した鳥といえば、アホウドリぐらいのものだろう。日本の離島に生息していたが、羽毛採取のために何百万羽と殺され、一九三九年には世界でわずか五十羽ほどになった。その二年後、火山噴火の溶岩で、最後の繁殖地であった鳥島のほとんどが覆われた。アホウドリは絶滅したと宣告された。

しかし、一九五〇年に、数羽のアホウドリが鳥島で発見され、再び営巣を始めた。それまで十年近くは絶滅すれすれの状態を続けていたのだ。これは推測にすぎないが、九年目まで繁殖は停止していた。ほかの鳥なら絶滅するところだが、アホウドリは復活した。この鳥は鳥類の中でもっとも長命な部類に入り、五十年以上も生殖能力を持つからだと思われる。

ところで、チャタムヒタキはどうなったかって？　ぎりぎりだったが、なんとか生き残ることができた。人間があれこれと工夫して、献身的に介入したおかげである。野生保護チームは、この雌が産卵すると、一回目の卵は別種のニュージーランドヒタキの巣に移すという作業を毎年続けた――最初は一羽の雌の巣から、やがてはその子孫の巣からも同様に。卵を取られた雌鳥はまた卵を産んで、生産性は倍増した。今では約二百五十羽になっている。

しかし、たいていの鳥の場合は、この段階になってからの介入では間に合わない。なぜなら、鳥に興味を持っている人がみな鳥の保護に興味を持っているわけではないからである。十九世紀には鳥と卵の収集熱が高まり、珍しい鳥ほどもてはやされた。理屈から言って、鳥を絶滅から救うかもしれない最後の卵は、もっとも需要が多いということになった。道理をわきまえているべき博物館の人間までその獲得競争に加わった。オオウミガラス（北大西洋の海鳥）が絶滅するかもしれないとなると、アイスランド沖の最後の繁殖地として知られていたところに、収集家が大挙して押し寄せた。一八四四年に最後のオオウミガラスが殺され、博物館行きとなった。それ以降、この博物館を訪れる人びとは、この鳥が絶滅したと知って舌打ちし、博物館というものは少なくとも後世に剥製を残してくれるからありがたいと思うだろう。しかし、絶滅にあたって博物館が果たした偽善的役割について知らされることはない。ヴィクトリア時代、どんな鳥であれ、絶滅に近い鳥の最後の卵は労働者の年収を上回るほどの高値がついた。

また、ある種の個体数が、そんなに減ってしまうと、まったく予測不能な要素が出てくる。その好例がスチーブンイワサザイである。ニュージーランド本島から消えた後、スチーブン島という小島にほんの少数だけ生息していたが、灯台守の飼いネコに、全部あるいはほとんどが殺された（どちらを信じるかはお任せする）。ネコは、この簡単に捕まる鳥の狩りに熱中した。この鳥にとってアンラッキーきわまりないことに、何千種といる鳴鳥のなかでも、これはほんの一握りしかいない飛べない鳴鳥の一つだった。それにひきかえ、ニャンとラッキーなネコ。ついでながら、そのほかの飛べない鳴鳥も、今はすべて絶滅している。

しかし、ある意味では、数はまったく関係ない――人間がどうしようと思うかが肝心なところで、チャタムヒタキが数百羽に回復したことは、保護されればどれだけ速く増える可能性があるかを示している。その正反対の例がリョコウバトである。十九世紀には、五十億羽もいて、世界でもっともありふれた鳥と思われていた。アメリカの鳥の二五から四〇パーセントを占めていたという調査報告もある。しかし、あまりにたくさんいたため、事業規模で食肉にされ、一八九〇年までの二十年間に数は急降下してしまった。最後のリョコウバトのマーサがシンシナティ動物園で死んだのは、一九一四年九月一日のことだったが、その数週間前には、第一次世界大戦という何百万もの人間が互いに殺しあう無意味な大虐殺が始まっていた。人間がもっと先を見る目を持たなければ、今はありふれた鳥に見えていても絶滅してしまう種がもっと増えるだろう。ありがたいことに、ある鳥が壊滅的に減少しそうになったときの保護機関の動きが、はるかに速やかになっている兆しが見える。インドハゲワシはその適例として期待が持てる。獣医たちがウシに与えた薬のせいで、個体数が九九パーセントも激減していた。その薬は、ウシ科の動物には無害でも、その死体を食べたハゲワシには致命的だったのだ――かつてハヤブサを襲ったのも、この「生物蓄積」という作用である（このすごいハンターについて、詳しくは〈ハヤブサ〉（66頁）を参照のこと）。最後の一パーセントほどのハゲワシを消滅させないために、すぐに飼育下繁殖計画が始まった。遅すぎると思われるかもしれない。しかし、チャタムヒタキが一羽の雌から復活したのなら、完全に悲観することもないだろう。生命があるところには望みがある――それに、ラザロ種の歴史を思えば、生命がないように思われるところでも、まだ望みはある。

（殿村直子）

ヌマセンニュウ

SAVI'S WARBLER

古顔だった新種の鳥

ヌマセンニュウはこそこそ隠れているわけではないのだが、イングランドの葦原で外のことにはおかまいなく自分流に暮らす赤褐色の小鳥である。イタリアの鳥類学者で地質学者でもあるパオロ・サヴィが、一八二一年に発見したとされる。

しかし厳密に言えば、それは正しくない——少なくとも「発見」という言葉のとらえ方しだいでは。複数の鳥類学者が最初の標本を手にしたのは一八一九年、イングランド東部の州、ノーフォークでのことなのだが、それが新種の鳥であることに気づく人はいなかった。ヌマセンニュウは一八一九年にはノーフォークにいたが、発見されたのは一八二一年のイタリア、と言うべきかもしれない。

いや、それでも正しいかどうか？　ノーフォーク州西部のフェンズで働く男たちはずっと以前からこの鳥がいることを知っていたが、彼らにその鳥のことを改めて訊いてみる人はひとりもいなかった。ヌマセンニュウとよく似たセンニュウは、リールで釣り糸を巻き取るような声で鳴く。フェンズ沼地の男たちは、長いあいだこの「リーラー」つまりセンニュウより暗闇で鳴くことの多いヌマセンニュウを「ナイトリーラー」と呼び、話題にもしていた。センニュウはヌマセンニュウと種は異なるが、とても近い仲間である。

ヌマセンニュウは、地元では古くから知られながら科学者によって発見された最初の鳥でも最後の鳥でもない。フィリピンの離島名を冠したカラヤンクイナは、二〇〇四年になってようやく学会にその存在が伝えられたのだが、島民は以前からこの鳥のことを口にしていた。科学者はとかくセンニュウ観から地元の噂を無視し、そのあげくに赤恥をかくことがよくある。双眼鏡その他の観察道具を持たなくても、自然の中で暮らす人びとには、都会のバードウォッチャーには見えないものが見えることをつい忘れてしまうのだ。とはいえ、人びとの話にある程度の疑いを持つことは絶対必要である。南米のある地域ではサーベルタイガーの一種スミロドンがまだ生息していると言われ、ヒマラヤでは雪男の存在が噂されるが、どちらもその可能性はゼロに近い。しかし、広い心で情報に耳を傾けるのも有用にちがいない。あいにく人間はヒエラルキーをつくりたがる（熱帯雨林の村でも都会のオフィスでもそうだが、どこよりも科学の世界でその傾向は強い）。ヒエラルキーの決定的な特徴の一つは、下位の意見に耳を貸さないことである。

とはいえヌマセンニュウに気づかなかったイギリスの専門家を、そう責めるわけにもいかない。お世辞にもとても目立つとは言えない鳥で、体は小さく、褐色で数が少ないうえに、たいていは葦原に潜んでいる。おまけにイギリスでは、生息地が失われたせいだろうが、たちまち絶滅してしまった。一世紀を隔ててようやく戻ってはきたものの、いつまた姿を消してもおかしくないぎりぎりの線上にある。

鳥類学者がヌマセンニュウの所在をつきとめるにあたって、もう一つ不利な条件があった。この鳥にかぎったことではないが、鳴き声がおよそ鳥らしくないのである。もっとも一般的な表現は、リールあるいは虫の音《ね》にそっくりというものだが、わたしは電気が電線を伝わるときのジジジジという音にいちばん近いと思っている。少なくともイギリスでは、葦原をうろうろするウグイス科の小鳥は、鳥らしくなく鳴くのが得意らしい。学者の考えだが、そうすることで捕食者に鳥だとわからないようにしているのかもしれない。スゲヨシキリやヨシキリは、脱穀機をイメージさせる。葦原深く突っ込んだ暴走脱穀機のあとを、農夫が必死の面持ちで追いかけている、なんて考えたり……これらの鳥には美しい声でさえずるキタヤナギムシクイのような仲間がいて、みなウグイス科だが、鳴き声はとてもじゃないが生まれながらのウグイスとは思えない。

鳥らしくない鳴き方をするのは、こういった沼地に生きる鳥だけではない。イギリスの農地で急速に数を減らしているハタホオジロは、鍵束をジャラジャラ鳴らしているよう。ノビタキの声は、だれかが遠くで木をたたき切っているように聞こえる。ほんとうにそう、わたし自身経験がある。いつだったかサリー州のコモン公有地で、バードウォッチングに不慣れな人が言ったことに対して「あれは鳥なんかじゃありません。このあたりの人が木を切り出してるんですよ」とダメを出しことがある。そのすぐ後にノビタキが低木の上にひょっこり姿を現わし、こちらのまちがいとわかった。バードウォッチャーの心の中にもヒエラルキーはある——上下がひっくり返るのは、めずらしいことではないけれど。

（八坂ありさ）

群衆の狂気

シベリアヨシキリ

BLYTH'S REED WARBLER

学識と十分な想像力を持ち合わせていれば、地図を見るだけで珍しい鳥の行きそうな場所がわかることを、一九〇五年の秋、ウィリアム・イーグル・クラークが証明してみせた。

エディンバラにある博物館に勤めていたクラークは、休暇にどこへ行こうか思案していた。鳥の渡りに大いに関心を抱き、どこかいい場所はないかとスコットランドの地図を開いてみることにした。と、目に留まったのがフェア島――幅四・八キロ、長さ二・四キロの小さな島である。フェア島は、行政上シェトランド諸島の一部となっているものの、この諸島の最大の島メインランド島――島なのにメインランド（本土）とはこれいかに？――からは四十キロ近くも離れている。休暇を過ごすには辺鄙で危険な場所のように思えるが、クラークを引き付けたのはまさにこの点で、周囲何十キロは海ばかりのこの孤島には、たくさんの鳥が休息と食べ物を求めてやってくるだろう、と踏んだのだ。

この推測はぴたり的中した。一九一二年まで毎年秋になるとフェア島詣でを行なったクラークは、そのおかげで、イギリスでは新顔の鳥数種を含む、数多くの珍鳥を発見することができた。さらにこの島での体験をもとに、鳥類学の名著『鳥の渡りの研究』を出版している。以来、フェア島は、イギリス諸島の中で珍鳥を見つけるのにおそらく最適の場所という評判を勝ち得、クラークはバードウォッチャーの間では忘れられない存在となった。この論理に根差した信念がなかったら、クラークはとっくに忘れ去られていただろうし、フェア島はその名の付いたフェアアイルという手編みのセーターだけが有名ということになっていただろう。ちなみにこの入り組んだ模様のセーターは、クラークがフェア島に最後に訪れた年一九二一年に、即位する前のエドワード八世が粋に着こなしたことから、イギリス全体に広まった。

シベリアヨシキリは、ロシアで繁殖する灰色がかった茶色の鳥で、イギリスでは、一九一〇年、クラークが最初に見つけたものである。それまで、クラークは仲間のバードウォッチャーにいっしょにフェア島へ行こうと熱心に誘っており、その中に当時は数が少なかった女性のバードウォッチャー、ベッドフォード侯爵夫人がいて、クラークのシベリアヨシキリ追跡に一役買ってくれた。シベリアヨシキリは、ヨーロッパヨシキリやヌマヨシキリなどの近い親戚に極めてよく似ていて、見過ごされやすい。この鳥を識別したことは、まさに大手柄と言ってよかろう。

ところが、このシベリアヨシキリの話は意外な展開を見せる。一九七九年秋、シリー諸島でまた目撃されたのだ。シリー諸島といえば、イギリスでは珍鳥を追い求める者にとって選りすぐりの場所として、フェア島と並び称されている島である。シベリアヨシキリは時期的にいちばん恵まれたときでもなかなか姿を見せたがらないのに、それに加えて複雑な事情がからんでいた――住んでいる所が私有地で、その土地の所有者が、一度に入れるのは数人だけと宣言したのである。何百人ものバードウォッチャーがこの超秘密主義の鳥を見たがっていることからして、ふつうならたじたじとなるところだが、さすが行列待ちが平気なイギリス人――その通りに対応して、小人数のグループに分けられたバードウォッチャーが、十五分ほどその土地に入ることを許された。そして、見られまいと最善を尽くす神経過敏のこの鳥が、その間にほんの一瞬でもうっかり姿を現わしてくれないかと、最高の結末を期待することになった。

こうした障害もものかわ、その日一日、すべてが驚くほど順調に進んだ。シベリアヨシキリは茂みの中にたびたび姿を現わし、地味な茶色の羽毛、目もとにある魅力的な白い筋、アシのような明るい茶色の足を披露した。これぞ、まさにバードウォッチャーの天国だった。

おいおい、待てよ――アシのような色の足だって？　キ、キーーッ――バードウォッチャーの情報満杯の大脳の片隅でブレーキがかかる。経験豊かでアマチュアながら一目置かれているバードウォッチャー、ピーター・グラントが、シベリアヨシキリの足はくすんだ灰色で、明るい茶色ではないと指摘した。もしや、その足の主はヌマヨシキリではないか――ヌマヨシキリは、シベリアヨシキリのように伝説的とまではいかないが、珍しい鳥ではある。翌日、この鳥を捕まえて仔細に調べたところ、ピーター・グラントが言った通りで、シベリアヨシキリなんてとんでもない。「アシの色の足」とはとんだところで足を出したものだ。

ところで、どれほど多くのバードウォッチャーがこの鳥がシベリアヨシキリだという識別を鵜呑みにしたのだろう。数百人——これは希望的観測と群集心理とが混ざり合って、人びとの間に、まさかと思うような不思議な力を及ぼすことの証しとなる。シベリアヨシキリだと言われ、シベリアヨシキリだと信じたいと思い、それに疑問を抱こうともしない。「群衆の狂気」のいい例をお捜しなら、身近にいくらでもございます。

（徳植康子）

ウリ二つのトリ二つ

コガラ

WILLOW TIT

　小柄で灰色、並みはずれて頭の大きいコガラは、また並みはずれて変わった特性の持ち主でもある。学者は、イギリスにいるすべての鳥の種名を確定しようとつとめていたが、コガラはその努力を無為に終わらせた鳥――ありふれた鳥の中ではその最後のものなのだ（もっとも、その後数が減って、今では全然ありふれてなどいない）。十九世紀後半まで、やはり小柄で灰色っぽいが、コガラよりはもう少しましな大きさの頭で外見は並はずれてそっくりのハシブトガラと同種と考えられていた。イギリス人はばつの悪い思いをしただろうが、一八九七年にエルンスト・ハルテルトとオットー・クラインシュミットというふたりのドイツ人が、大英博物館におかれたハシブトガラの標本の中にコガラの標本を見つけ、その誤りに気がついた。

　しかし信じられないほど似通っている鳥はこの二種だけではない。こういった鳥のすべてについて当然の疑問が出てくる。「人間に見分けることができないなら、鳥同士だって見分けられないんじゃないか。」

ある場合はその通り――少なくとも、いつも見分けられるわけではない。普通、二種類の鳥がよく似ているのは近縁種だからだが、その鳥なりの理由で似てくる場合もある。Dusky Friarbird（モロタイハゲミツスイ）はDusky-Brown Oriole（ハルマヘラコウライウグイス）に一応似た名前だが、それは偶然ではない。この二種は瓜二つのようによく似ている。ハルマヘラコウライウグイスは進化してモロタイハゲミツスイ――両者はインドネシアの森で生息地を共有している――に似てきた結果、後者の攻撃を減らすことが可能になった。

しかし一体全体、鳥はどれがどれか（従ってどれがつがう相手にふさわしいか）をどうやって見分けるのか、とあれこれ気になるなら、鳥の多くは主に鳴き声で自分を宣伝しているのだと考えればひとまず安心だろう。この点で、多少人間とはちがっていても、まるっきりちがうわけではない。プレスリー以来の人気スターに対してご婦人方がどれほどヒステリックに反応しておいでか。その興奮ぶりは、十九世紀の偉大なピアニスト・作曲家、フランツ・リストに対する反応の再現と見ればいい。その鍵盤上の名演奏――つまり声の延長――は全ヨーロッパの女性を失神させた。先史時代までさかのぼれば、科学者は、人間の言語は異性の気を惹こうとするときに知性を目立たせる手段として生まれたのではないかと示唆している。

アフリカを本拠にするセッカ（Cisticola）はその好例で、たいていの鳥が雌を惹きつけるのに何よりもその声を有効に使うことを如実に示している。セッカは小さく茶色で筋《すじ》が入っており、およそ四十五種を数えるが——どれもこれも小さく、茶色で、筋《すじ》入りだから、見ただけで識別するのはいたってむずかしい。「鳴かぬなら」ではないが「鳴くまで待とう」しかない——それはまたセッカ自身がどうやってどの鳥がどの鳥か判別する手段でもある。ここからいろいろびっくりするような英語の名前が付くことになる。Zitting Cisticola。これはZit（ニキビ）があるからではなくて、鳴声が一音のzit（ジット）だということ。Wailing Cisticola（シロハラセッカ。wailは「むせび鳴く」）、Tinkling Cisticola（マミジロセッカ。Tinkleは「チリンチリン」）、Croaking Cisticola（エリフセッカ。Croakは「カアカア」）、Rattling Cisticola（Rattleは「ガラガラ」）。さらにはWing Snapping Cisticola（タンビセッカ）は、ディスプレイの下降時に羽根を大きな音でパタパタ打ち合わせて（snap）自分がなんであるかほかのセッカにしらせる。Lazy Cisticola（ミナミイワセッカ）というのもいる。しっぽをしきりにピクピク上げるのにlazy（怠け者）とはあまりにもばかにした名前ではないか。

　こうした名前はいささか度が過ぎているようにも思う。“bangers and mash”（ソーセージにマッシュポテトのつけあわせ料理）がレストランで、saucisse et purée de pommes de terreというフランス料理名で出されたら。実物より異国風に聞こえる。Wailing Cisticola（シロハラセッカ）と書かれていたら、ほかとずいぶんちがうような感じがするが、実際にはGrey-Backed（ハイイロセッカ）の声によく似ている（もう少し哀れっぽくはある）。その聞き分けは非常にむずかしいので、ふだんは明るい性格の人も、その声を聞き分けようとしていらいらしてしまうこともなくはない。いつか野鳥のガイドさんが、ケニアで起きたセッカの名前をめぐる大反乱事件の話をしてくれた。彼が案内したツーリスト・グループが、いろいろなセッカをいちいち区別するのは頭が痛くなるだけだから、もうたくさん、セッカクだがやめてくれと言い出したそうだ。

しかしこのようにいろいろ似たところはあるのに、ちがう種の相手と交尾する傾向が強い鳥がいる。それは外見を混同したからではなく、全く別の理由による。一つは、適当な相手がほかにいないからである。人間に飼われている猟鳥の中でカモのたぐいはよく互いに交尾するが、それはたまたまそこでいっしょになったからというだけのこと。とりわけよく起きるのは、そんなに似てはいないキンクロハジロとホシハジロの異種交配である。

同定がほとんど不可能な鳥もいるということは、バードウォッチャーの気持ちに逆らう苦しみになる。野鳥観察者は観察よりもまず何の鳥か突き止めたいのであって、むしろ野鳥同定者と呼ばれてもおかしくないかもしれない。それが必ずしもできないのは欲求不満のもとになるが、だからといって鳥の美しさがそのために損なわれるわけではない。それどころかさらに謎という魅力が加わることになる。時にはその鳥が何かわからなくても、観察するだけで楽しいこともある。

というわけで次の機会に何の鳥かわからないことがあっても、鳥が自分で承知していればＯＫ、そう考えて自分をお慰め下さい。

（西谷 清）

パッとしないが愛される
イエスズメ
HOUSE SPARROW

よその国では考えられないほどイギリス人はイエスズメが好きだが、そこにはイギリス人の国民性がまことによく表われている。

この小さくてあまり冴えない茶色の鳥は、目をみはるような美しさは持ち合わせていない。そういう地味な鳥の多くは、たとえばナイチンゲールのように、美しい声でさえずって外見のつまらなさを埋め合わせているが、イエスズメはただチイチイチュンチュンだけで満足している。ロンドンの下町暮らしを描いたジョアン・リトルウッド監督による一九六二年の映画のタイトルが言うとおりで『スズメは歌えない』。

世界の大部分の地域で、歴史のほとんどの時代を通じて、スズメはそのむさ苦しくパッとしない風采相応に軽んじられてきた。古代エジプトにはイエスズメの象形文字があったが、それは「小さい」とか「細い」、「よくない」という意味を表わしていた。

しかし、ロンドンのイーストエンドの住民はいつの時代にもこの下町のど真ん中に住むイエスズメに愛着を感じており、なんとスズメに――鳥ではほぼ前代未聞の――押韻スラングという最高の栄誉を与えた。押韻スラングというのは、ロンドンの下町言葉コックニーで使われ、韻を踏む言葉で元の言葉を代用するという高等技術だが、sparrow（スズメ）がbow and arrow（弓矢）と韻を踏むことから、スズメのことをbowと呼ぶ。また、スズメは逆の仕事にもかり出されていて、barrow（手押し車）はcock sparrow（オスのスズメ）と韻を踏むため、cockと呼ばれることがある。

一九九〇年代にイギリスのイエスズメ生息数が急速に減少していることが明らかになると、悲しんだのはイーストエンドの住民だけではなかった。スズメより美しく、大きく、多くの人の目をみはらせる鳥がもっと危機に瀕していたこともたくさんあったが、このニュースはそんなときよりはるかに大きく人びとの心を動かした。どうしてわたしたちはイエスズメがこんなに好きなのだろう。

一因は、もう何百年も平均的イギリス人にとっていちばんなじみのある鳥だからである。わたしたちがよちよち歩きの赤ん坊で、家の庭やピクニックに行った公園でうろうろしていたころ、両親がこのちっぽけな脳みそに「小鳥さん」がどういうものか教えようとして指差してくれた鳥はなんだったか。いちばんそれらしく思われるのはイエスズメだろう。どこにでもいて、機会さえあれば食べ物の屑を探しては食べているこの鳥は、わたしたちが最初に覚えた鳥である。愛着はそんなところから吹き込まれた。しかし、もう一つ、いちばんよく知っている鳥が大丈夫なら、わたしたちもまちがいなく大丈夫という感覚も生まれる――逆にもしその鳥が生きづらくなっていたら、次はこっちの番かも知れない。イエスズメのことを心配しているとき、わたしたちは自分のことを心配しているのだ。

アメリカの作家ジョン・スタインベックがロンドンのハイドパーク近くで空襲に遭った人から聞いた話には、このことが哀愁たっぷりに示されており、一九五八年出版の『かつて戦争があった』に収録されている。爆弾の衝撃を受けて死んだイエスズメがこの人のそばに落ちた。彼はそれを拾い上げ、長いあいだ眺めたあげくに家へ持ち帰ったという――自分が生き延びたことに感謝し、スズメが生き延びられなかったことを悲しみながら。

イギリス人がスズメに夢中になる第二の理由は、うわべだけ派手なものよりも、平凡でむさ苦しく慎ましいものに愛着を感じるという国民性だろう。イエスズメはお高くとまることがおよそなく、しょっちゅうピクニックのテーブルに現われては食べられるものはないかと探している。その冴えないところが魅力なのだ。極楽鳥の雄はすばらしく幻想的な色彩で身を飾り、複雑きわまりないディスプレイで雌の気を引くが、イエスズメはそれに対する飾りのなさのアンチテーゼと言える。イギリスに見せびらかしの好きな人はいない。だからスズメはみんなに好かれる。

イギリスのイエスズメびいきと対照的なのが一九五八年三月に毛沢東主席が提唱した「消滅麻雀運動」だろう。犠牲になったのはスズメ（*Passer montanus*）――イエスズメ（*Passer domesticus*）の近縁種で、最近、ふつうに繁殖する鳥としてはおそらくもっとも著しく減少したものの、イギリスでも繁殖している。毛沢東が政治家として出したアイディアの多くと同じく、この消滅運動はそれこそスズメの涙ほどの思慮しかないものだった――そしてまちがいなくそのことは周知の事実だったが、誰が独裁者にそんなことを直言できるだろうか。毛沢東はスズメを農作物への害鳥と決めつけ、主立った都市のすべてで三日間の作戦を実施すると宣言した。三百万人が動員されたこの作戦には、スズメのいる場所に大群衆を集めて銅鑼や太鼓で驚かすという戦法が採用される。追われたスズメは（それに加えて、おそらくはびっくりした相当数の人間も）食べることも寝ることもできず、その結果八十万羽が死んだという。もっとも、この中にはスズメ以外の不運な小鳥も含まれていたにちがいない。この迷案は小規模ながら一九五八年を通して継続されたが、翌年は穀物の収穫量が激減して飢饉が発生したため、繰り返されなかった。スズメはカラスムギやコムギなどの穀物を食べるが、農地を荒らす害虫も食べる。

イギリスではイエスズメ減少の真相が完全に究明されてはいない――もっとも、まだ三百万つがいが残っているから、イエスズメの生息数は十二分からただの十分へ変化したにすぎない。風変わりな理屈の最右翼には、携帯電話の電波が鳥の方向感覚や、果ては繁殖能力まで妨げているというものまである。しかし、農業の変化が関与しているというのが大勢で、たとえば、農薬の使用が増えたために、スズメがひなの餌にする昆虫の多くが殺されてしまったという。

歴史の大きな流れを見ると、イエスズメのイギリスにおける黄金時代は過ぎてしまった――ただ、完全に消える可能性は低い。何千年もの昔、農業が始まると、狩猟採集時代よりも高い人口密度が可能になって人間の数が大きく増加した。農業がメソポタミアから、イギリス諸島を含めて世界に広まると、それはイエスズメの繁栄も可能にした。北アメリカなど、飛んで行くには遠すぎて移住できなかった場所にも、なじみの鳥が新居の近くにいてほしいと望んだ入植者によってイエスズメが持ち込まれ、おそらくは世界でもっとも広く分布する鳥になっている。イギリスでは、スズメパワーの最盛期は、たぶん農薬がまだ使われず、自動車の代わりに――スズメも大好きなカラスムギを餌として与えられる――ウマが使われていた時代だろう。今も残っている厩舎に行けば、どこでもぴょんぴょんと食べ残しを探しまわっているイエスズメが見られる。

しかし、イエスズメが厩舎そのものと同じく過去の遺物になり果て、金持ちが週末に野外で乗馬を楽しみ、過ぎし昔の思い出に生きるような場所だけに辛うじて残るとしたら、残念この上ない。イエスズメはナチスの空襲でも死に絶えなかった。現代社会の破壊行為にも耐えて生き延びるよう祈りましょう、みなさん。

（小川昭子）

UFOとまちがえられる
トラツグミ
WHITE'S THRUSH

トラツグミほど気味の悪い音を出す鳥はいない。現実のものとは思えない、単調で悲しげな鳴き声を聞いたとき、すぐには鳥だとわかるまい。音だけが聞こえてその鳥の姿は見えない暗い森の奥深くで、人がためいきをついているように聞こえる。あるいは、正気の人間なら真夜中に森の中をうろついたりしないから（もちろんバードウォッチャーは時おりするが）、人里離れた寂しい場所に住むという宿命を、幽霊が暗中にこっそり嘆き悲しんでいるようにも思われる。

ところが、トラツグミは日の出前後のごく短い時間帯にだけ鳴く。特に早く起きる人でないかぎり、起きたときにはもう鳴くのをやめている。だから、あれは果たしてただの夢だったのか、それとも、眠りが断続的で夜の諸々の鳴き声が時おり意識の中に染み込んでくる目覚め前の二～三時間のあいだに、本当に聞いたのだろうかと首をかしげたくなる。

東アジアやシベリアで繁殖するこの鳥は実にみごとな姿をしているのに、めったに見られないのが残念だ。体は、黒で縁取られたオレンジ色と白の三日月状の斑で覆われて美しい。

トラツグミは日本の昔話で怪物（鵺《ぬえ》）と結びついているが、現代版ストーリーもある。この世のものとは思えぬその鳴き声から、日本でＵＦＯ（未確認飛行物体）――厳密にはＵＨＯ（未確認音声物体）――だと通報された。言うまでもなく、本当はもっと出かけなければいけない宇宙人オタクが実際に出かけ、森へ行ってトラツグミの鳴き声を聞くに及んで、宇宙からの訪問の証拠だと報告しているのである。けれども、これはある意味でもっともなところもある。この鳥は、単調な高い鳴き声の二〜三秒後に、返事をしているような少し低い音を出すことが多く、二個の別の地球外生物がお互いに交信しているように聞こえる。

この鳥は夜明けを連想させるため、日本の時代劇映画の音響技師は夜明けのシーンに好んでその鳴き声を挿入する。サムライが朝靄に紛れて逃亡したり、その日に予想される合戦を案じつつ待っているといった場面である。こうしたドラマの中でその鳴き声はおかしいぐらいたびたび出現するが、実物の鳥にはそんなことは及びもつかない。同じように、イギリスのミステリーで怪しげな夜のシーンに付き物なのがモリフクロウである。現実の世界では、この鳥の分布はまばらで、鳴き声はたまにしか聞けないし、アイルランドでは全く聞けない。ＢＢＣのあるラジオドラマで、張り切りすぎた番組スタッフがアイルランドの夜のシーンの背景音にフクロウの声を入れ、耳の良い聴取者からクレームがついた。

トラツグミを識別するのに重要なのは鳴き声である。一部の鳥類学者は（だいたいは日本人だが）奄美諸島に生息するのはまったくちがった、似ても似つかぬガーガーという鳴き声だから別種だと主張している。しかし、奄美の種を独立させるその戦いにまだ勝利は見られない。できるだけ多くの種を見て確認することが生き甲斐のバードウォッチャーは、ひそかに胸をなでおろしていることだろう――奄美のこの鳥を見るのは特別むずかしいのである。奄美諸島へ行くことからして、くそいまいましいほど厄介だし、もっと近づきやすい鳥でさえ、森の奥深く――冷えたビールを飲んでひどい蒸し暑さを忘れることのできる、島の主要な町にある居酒屋からはずっと離れたところに生息している。この鳥はおよそ五十羽しかいないし、主に梅雨のころに鳴く。そんなときに奄美諸島へ行く計画なんて、へたをすると、雨で流れておじゃんになりかねない。

この鳥は、人目を引く外観のおかげでイギリスのバードウォッチャーのあいだで特に人気がある。ただし、珍しくイギリスにやってくるのはふつう秋で、その頃には口をツグみさえずりは止まっている。

それはそうと、この鳥の名前にはごちゃごちゃ紛らわしいところがある。トラツグミの英名 White's Thrush は、「ホワイトのツグミ」という意味で、他の章で述べたように、イングランドの田舎の牧師で世界初のバードウォッチャーだったギルバート・ホワイトにちなんで付けられた名前である。ところが、あに図らんや、イングランドにはめったにいないこの鳥を、ホワイトは見たことがない。さらに、バードウォッチングの初心者はよく「ホワイトのツグミ」を「白いツグミ」と勘違いする。鳥を名前で判断してはいけないということがここに明らかという次第。

（曽根悦子）

ガラパゴスフィンチ

Galapagos Finches

小鳥が教えてくれたこと

ガラパゴス諸島は、チャールズ・ダーウィンが進化論の想を得た場所として多くの人に知られている。嘴の形は驚くほど多様だが、そのほかの点ではよく似ている鳥の集団を観察した結果である。一応みなそう信じている。しかし、誰がいつ、どんな理論を思いついたのか、現実はかなりこみいっている。

一八三〇年代調査船ビーグル号でガラパゴス諸島を訪れ、十数種のフィンチ類を観察していたダーウィンの脳裏にある考えがひらめいた。ここのフィンチは、体の大きさはすべてほぼ同じなのに、嘴の形は多様。大きな嘴で硬い殻を割ることができるオオガラパゴスフィンチから、ペン先のような薄い繊細な嘴で花の蜜やクモ、小さい昆虫を食べる、フィンチというよりムシクイに近いムシクイフィンチまで実にさまざまである。科学者は、このフィンチ類を総称してダーウィンフィンチと呼んでいる。

ところで、ダーウィンのひらめきとは具体的にどんなものだったのか。厳密にいうと、進化の発見ではない。生物は、親から子へと長い歳月をかけて、その生存環境に有利なように適応していくという説は、フランスのジャン＝バティスト・ラマルクなど、ダーウィンより一世代前の著名な何人かの学者がすでに考え出していた。

ダーウィンが名声を得た説はもう少し具体的だった。それは自然選択説である。つまり、ある一つの種の集団内で、自分たちの環境を生き抜くためにもっともよく適応した個体が生き残って子孫を増やし、適応していない個体は淘汰されていく。長いあいだに、生き残った個体の子孫は、少し異なった環境にうまく適応できた他の個体と大きくちがっていく。やがて個体差がさらに大きくなり全く別の新しい種が形成される。ダーウィンはそう考えた。

博識な読者の中には、アルフレッド・ラッセル・ウォレスはどうなんだと、答えに窮するような質問をする方もおいでかもしれない。自然選択説を思いついたという点では、このイギリス人科学者も同じではないかと。そのとおり。しかし、ダーウィンの名誉のために言えば、それはすこし後だったようだ。ダーウィンは一八三八年頃に自然選択説を導き出していたことが証明されている。ところが、ジョン・レノンの「人生は思った通りに運んでいかない」という歌詞がさりげなく言い当てているように、当時ダーウィンは、地質学調査に没頭していた（ひょっとして、革命的なことを発見した人に多く見られる生理的な悩みにとりつかれていたのかもしれない――弱気の虫というやつ）。そのため、自分の見解をすぐには公表しなかった。そして二十年後に自説とまったく同じ理論の概略を示す手紙をウォレスから受け取った。結局、両者は一八五八年に共同発表という形で、それぞれの見解を一緒に公表することになる。ダーウィンはまちがいなく締め切りにおくれるタイプである。しかし、やがて、ダーウィンフィンチが教えてくれた説のおかげで、ありとあらゆる種類の強大な力が鎖から解き放たれ自由に羽ばたきはじめる。西欧諸国で宗教の衰退を呼び起こすやら、ナチズムの哲学的基盤となるやら、また多くの哲学者に言わせれば、人間活動の事実上すべての面に、止まる所を知らない競争意識の高まりをもたらした。

一方で、パトリック・マシューも忘れてはいけない。マシューなんて名前は聞いたこともないとおっしゃるようでは、その物知りに感心するところはあっても、間然するところもなきにしもあらずと言わざるを得ない。実は、自然選択という考え方を最初に思いついたのはマシューその人で、一八三一年にすでにその理論を詳細に説明している。ビーグル号が航海に出発したのはまさにこの年。ガラパゴス諸島にはまだ到着していない。マシューの失敗は、『軍艦用木材と育樹についての考察』（On Naval Timber and Arboriculture）というまれに見る退屈なタイトルをつけた本で自説を発表したことにある。優れた洞察力を持つマシューは、英国海軍が戦艦を作るため最高級の樹木を伐採してしまい、品質の良い木が長い歳月を経てさらに優れた樹木を生み出していくという自然選択のプロセスが妨害されるという理論を主張したものの、大して注目されなかった。ダーウィンもウォレスも見逃していたことはまちがいない。

この話は、ごたごたややこしいことになりがちな人間活動について、何を教えてくれるだろう。知的なレベルでは、科学知識の進歩につれ、さらに次に向かって進もうというやる気満々の優秀な人材が何人かかたまって現われること。動力飛行機やテレビの発明がそれを物語っている。自然選択説もまた然り。心理的なレベルでは、ダーウィンほど道徳的にすぐれた人格者でさえ、歴史の表彰台で金メダルを受けるとなると、それをひとにゆずるのをしぶること。現実的なレベルでは、初めて本を出す人は、自分の本のタイトルに「育樹」なんていう言葉を出版社がつけるのを決して許してはいけないこと、などである。

ところで、あのフィンチの話はどうなった？ とどのつまりダーウィンフィンチは、フィンチではなく、フウキンチョウ科の鳥だってことがわかった。アメリカ大陸に広く分布し、フィンチに似た短い丸い翼を持つ鳥である。しかし、Darwin's Tanager（ダーウィンフウキンチョウ）では、Darwin's Finches（ダーウィンフィンチ）と同じ「タッタタッタ」という強いリズムにならない。こんなささいな理由で、いまでもその名がついてまわっているのかもしれない。ダーウィンのような天才でも小さなミスをしでかしたとは――わたしたち凡人にとってまことに心強い。

（庵地紀子）

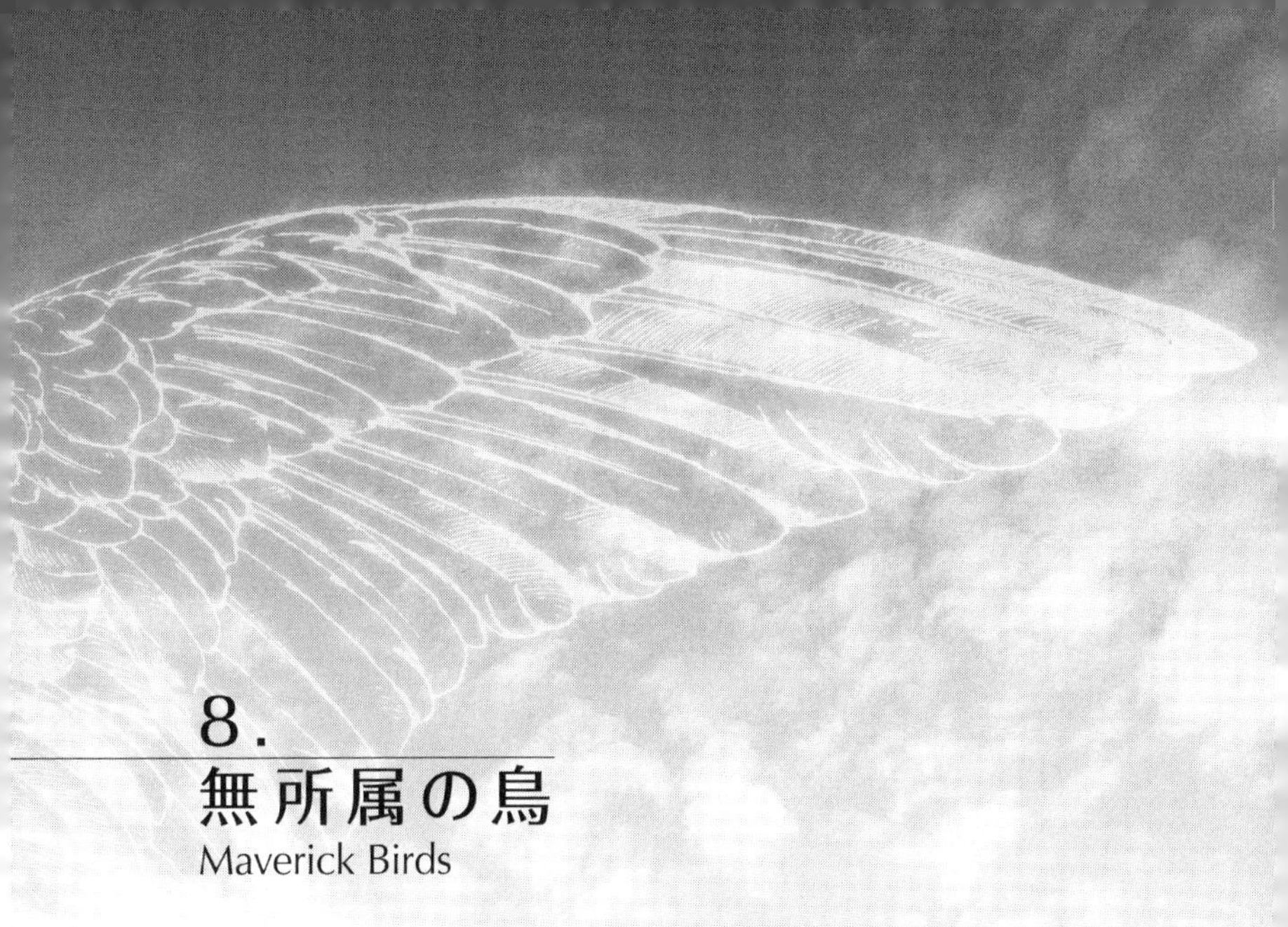

8.
無所属の鳥
Maverick Birds

鳥のマフィア

カッコウ

CUCKOO

豊かな連想を誘う鳥、カッコウは、イギリス諸島に春の到来を告げるだけでなく、詩の出現も告げている。中世英語——今使われている近代英語の先祖——で書かれた知られている限りおそらくもっとも古い詩は、十三世紀に作られた作者不詳の「カッコウの歌」だろう。その出だしは簡潔ながら喜びに満ちあふれている。

夏は来ぬ
高らかにさえずるはカッコウ！

カッコウは春、イギリスに最初にやってくる鳥では決してないが、その鳴き声はどの鳥よりも聞き分けやすい。わたしが赤ん坊の娘に鳴きまねをさせることができたのは、今までのところカッコウだけである。その鳴き声はナチュラリストでなくとも聞き分けられるため、イギリスでは、タイムズ紙への初鳴き報告がまさしく全国規模で競われる。それが、この鳥のいささかうさん臭い評判にふさわしい、ちょっとしたインチキにつながった。一九一三年二月十二日付のタイムズ紙に掲載された投書は、二月六日付同紙の投書で報告したカッコウの初鳴きは誤りだったと詫びる内容で、地元のレンガ職人の鳴きまねがとんでもなく上手で、本物と聞きまちがえたのだという。

「カッコウの歌」以後の数百年間、カッコウ以上に詩人を魅了した鳥はあまりいない。はからずも課された春の先がけという格好の役割に注目した人もいるが、他種の鳥の巣に卵を産むずるがしこい習性に、それ以上にこだわった人もいる。托卵のおかげで、カッコウはほかの渡り鳥より早くまっしぐらにアフリカへ、冬の休暇をすごしにすっとんでいける。一六三〇年代にジョン・ミルトンが作った『ナイチンゲールに寄せるソネット』は、おそらく、カッコウを詠んだすべての詩の中で最高の一編だろう――まさにかっこ付きの独創力を発揮して、ナイチンゲールは愛を、カッコウは女の移り気を表わすという、まるで対のように並ぶ二つの伝説を取り入れている。民間伝承によると、カッコウの鳴き声が聞こえたら、どこかの人妻が浮気をしたのだという。それで、英語でカッコウを意味する cuckoo から派生した cuckolded という言葉は、妻をほかの男に寝取られた男を表わすのに使われる。カッコウもナイチンゲールも、実際には四月のほぼ同時期に、春のシンボルをつとめるため、イギリスにやってくる。しかし、ミルトンの世界では、いつもカッコウのほうが先に鳴く。ミルトンはナイチンゲールに請い願う。

おくれずに歌っておくれ。木立のなかで
かの憎き鳥が、望みなきわがさだめ告げぬ間に。
年ごとにゆえもなく後れとる汝が歌に、
わが心　安らぐことなし。

二十代のミルトンは、さぞ女性にもてない、かっこわるい男だったのだろう。

カッコウはまた科学者もひきつけてきた。カッコウはいかにして、かくも不埒なふるまいをやりおおせるのだろう。まず、カッコウは進化して、タカのように細長い尾と鋭くとがった翼を持つようになった。それでほかの鳥の親鳥を脅して巣から追い払い、なんの妨げもなく卵を産めるというわけである。しかし、カッコウが利用する小さな鳥たちは、明らかに自分の子ではない大きなひなになぜ餌を与えるのか。ひとつ考えられるのは、単に「本能」だから。つまり、目の前でひなにねだられると、まるでロボット同然、餌をその口に入れてやるのかもしれない。

あるいは、養い親がカッコウのもくろみを拒否できない可能性もある。学界で「マフィア仮説」と呼ばれるこの説は、イギリスで繁殖するカッコウと同じ――「托卵」すなわち「ほかの種の鳥の巣に卵を産む」――習性を持つ種に施した実験にもとづいている。少なくとも二種の托卵鳥、北アメリカに生息するコウウチョウと南ヨーロッパ・西アジアのマダラカンムリカッコウは、托卵を拒否した養い親の巣をこわすことがある――誰がボスかをはっきりさせるのだ。

カッコウはずる賢い鳥ではあるが、まだ進化が完了していないことを証明していて興味深い。雌のカッコウは何種類かの鳥を利用するように分化している。その中でヨーロッパヨシキリを利用するカッコウは、ホストファミリーそっくりの卵を産む。別の種類のカッコウはヨーロッパカヤクグリの巣に産卵する――が、奇妙なことに、その卵は、まだヨーロッパカヤクグリの鮮やかな青色の卵に似ているところまではいっていない。専門家はその理由を、カッコウがヨーロッパカヤクグリにつけこむようになったのはほかの鳥を利用するより後だったからだと考えている――もっとも、ジェフリー・チョーサーの言及から、カッコウは十四世紀にはすでにヨーロッパカヤクグリを利用していたとわかっている。

カッコウは種痘の開発者エドワード・ジェンナーの名声を高めもした。一七八九年、彼は、巣にまつわるカッコウの習性に関する論文が評価されて、科学者のためのエリートクラブ、ロイヤル・ソサエティの会員になっている。その論文でジェンナーは、カッコウのひなが自分の体を使って養い親の本当の卵を巣から押し出すという事実を正確に記録し発表したが、世間は疑り深かった。それまでは雌の成鳥がやっていると思われていた――そして、一九二〇年代に映像によってジェンナーの正しさが証明されるまで、固くそう信じていた人も少なくない。

ともあれ、ミチバシリのように自分で子育てをする品行のいいカッコウ族に対する不当な悪口になってはいけないし、他種の鳥の巣に居すわるカッコウの仲間五十七種だけが托卵性をもつ鳥ではないことも忘れてはならない。先に述べたコウウチョウをはじめ、南北アメリカのズグロガモも托卵するし、同種間で托卵する鳥もいる。たとえばホオジロガモはほかのホオジロガモの巣に卵を産むことがある。インチキはカッコウ界に限ったことではない。

（渡部啓子）

親不知、子不知
ツカツクリ
MEGAPODE

みなさん、多分こんな父親に心当たりがおありでしょう。子どもを養うためしゃにむに働いているけれども、肝心の子どもとの関係にはいまいち欠けたところがあって、いつも家にいない。

ロンドンの高級住宅街に居を構えるエリート証券マンのこととお思いかもしれませんが、わたしの頭にあるのはオーストラリアの鳥、ヤブツカツクリです。

ヤブツカツクリは二十種ほどいるツカツクリ科の一種で、ツカツクリ科の英名megapodeは「大きな足」という意味のギリシア語に由来する。科学者は不思議なくらいイマジネーションに欠けていて、ツカツクリの仲間の世にも珍しい特性をその名前に採り入れていない。この科の鳥は父親も母親も自分の子どもを見ることがない。この「見ない」は「面倒を見ない」とかではなく、文字どおり「見ない」のである。こんな習性を科の名前にも入れないのは、ブラッド・ピットに会った人が、後で友人にその話をするのに、「フランス語が上手だったよ」と言うのに似ている。たしかにそのとおりかもしれないが、大スターを目の当たりにして感激するところはほかにいくらでもあるだろう。

ヤブツカツクリは、誰でも知っているアメリカのシチメンチョウに見た目はそっくりだが、系統的には何の関係もなく、このとほうもない子育てのやり方を固く守り続けている。母鳥はただ卵を生むだけ。父鳥は日曜大工に精を出すパパさながら、枯れ葉や土で高さ一・五メートル、幅三メートルにも及ぶ巨大な塚山を築くという大仕事を進んで引き受ける。途中でときどき頭を突っ込み、塚の中が適温——三三～三五度というむっとするような高温——を保っているかどうか、確かめもする。はたからは素っ頓狂な行動に見えるかもしれないが、そこには大事な目的がある。作っているのはパパやママのぬくもりがなくても卵が孵化できるような暖かいオーヴンなのだ。ひなが殻を破って出てくる頃には親鳥ははるかかなたにいて、その後も相手をわが子と知って会いにくることは決してない。

ある生物種が変わった習性を持つようになるとき、その変わり者ぶりが中途半端に終わることはありえない。ヤブツカツクリの場合も、子育てのやり方が変わっているために、ほかにもたくさんの変わった特徴を持たざるを得なくなった。まず、いちばんに必要なのは、ひながいち早く独り立ちすることだが、これは、ひながすぐに自分で餌を取れることで達成される。もう一つは卵が大きく、黄身が巨大なこと。おかげでひなは孵るまでに充分大きく強くなっている。ヤブツカツクリのひなは頑丈である。鳥には、生まれてから数日は目も開かず、飛ぶこともできず、ほとんど何の力もない晩成性のものもあれば、もっとすばやく自立する早成性のものもある。しかし、ツカツクリ科の鳥は、科学者が「超早成性《スーパープレコーシャル》」と呼ぶ独自のカテゴリーを作っている（メアリー・ポピンズが歌うおまじないの言葉「スーパーカリフラジリスティックエクスピアリドーシャス」を思い出す）。

ツカツクリの仲間には、人間から見るともっと奇妙な習慣を持っているものもある。あるものは卵を砂に埋めて太陽のエネルギーで卵をかえす。わざわざ火山のある島の温かい土の中に卵を埋めるものもいる。こうして地中深く埋められたひなは、親の助けを借りることなく、ときには何日もかかってようやく地表にたどりつく。

鳥類の親は、冷酷なほど感傷を排した特殊な意味では優秀だと言っていい。種の保存を確実にする数しか子どもを育てない。その点、まことにみごとなものなのだが、少なくともわたしたち人間の目から見る限り、そこにあるのは、愛ならぬ義務の結びつきのように思われる。たとえばスコットランドの山岳地帯や湿原の空を舞うイヌワシは卵を二つ生む。しかし、先に孵ったひなは、生まれながらに優位に立てたおかげで、親鳥が運ぶ餌を独り占めし、たいていは弟妹をいじめ、ついには殺してしまう。下の子が死ぬと——餌不足かきょうだい殺しかでふつうそうなる——母鳥はそれを先に生まれたひなに食べさせ、自分で食べることさえある。死んだが最期、役に立つには餌になるしかない。自然は残酷だが無駄がない。

しかし、ツカツクリ科の鳥たちの生存戦略には落し穴があった。人間である。現在、ツカツクリは主に太平洋沿岸地域に二十種以上が残っているが、過去数千年の間に三十種以上が絶滅したと考えられている。絶滅種の多くは、西欧人がやってくるまでもなく、人類の到来後に、消え失せていたらしい。これはおそらく、過去数千年でほかのどの鳥のグループよりも高い絶滅率だろう。ツカツクリの仲間は人間や人間が持ち込んだ陸生哺乳類から大きな被害を受けた。自然界ではよくあることだが、生存する上で強みだったことが、ホモ・サピエンスの登場によって、弱点に変わってしまった。たとえば、ツカツクリ科の鳥の卵は黄身が大きいために、そのぶん餌として敵を引きつけやすく、生まれて何日も経っていないひなは、地表をうろつく新来の捕食者の前に、あまりにもか弱い。

同じことがペンギンのように密集したコロニーを作る海鳥にもいえる。ペンギンはほかの個体がそばにいることに対して極めて寛容になることで密着して暮らすことに適応した。しかし、このように他の生物が近くにいても気にしない性質のため、人間が獲物を狙って近づいてきたときにも警戒心を持つことを知らず、多くの人が、卵を奪われてもまったく抵抗しないペンギンを目にしている。映画『レイダース／失われたアーク《聖櫃》』に登場した大男のエピソードが思い出される。勝ち誇った笑みを浮かべた大男が三日月刀を頭上で振りまわし、インディ・ジョーンズをまっぷたつにしようと迫ってくる――ところが、「何だ？」という面持ちのインディの銃弾一発。ばったり倒れる。剣で戦う時代なら最強の戦士だった大男も、たった一度の銃撃で過去の遺物になってしまった。

しかし、ヤブツカツクリのことを哀れんでばかりいる必要はない。ツカツクリの仲間の中では結構うまくやっているのである。多くの仲間が人間や人間が連れてきた動物に食い物にされて苦しんでいるのに、ヤブツカツクリは反対に食い物にすることをおぼえた。見た目に手強そうなこの鳥は、オーストラリアの人びとからピクニックのご馳走をかすめとる。人間がいるところで盗むこともよくある。これこそ『ツカツクリの逆襲』ではないか。

(もよりの劇場で近日公開!――するかも?)

(三宅真砂子)

歩みは鳥の如く、臭いは牛の如し？？？

ツメバケイ《HOATZIN》（爪羽鶏）

世界一臭い鳥をごろうじろ。

南アメリカのツメバケイは、びっくり仰天し、怪訝そうな顔つきをしたニワトリそっくり。濃い茂みの中に住み、へなへなした冠羽の下にある眼は、盗み見るようにちらちらと辺りを見まわしている。

ツメバケイの生活は魅力的なものではない。ある地方では「ジプシー」というニックネームをつけられているが、それはまったく当を得ていないように思える。確かにカラフルで、翼斑は鮮やかな赤褐色、羽毛はけっこう美しい。ところが、飛ぶことも泳ぐことも下手で、木登りときたらぶざまな格好をさらす。ジプシーのようにさまよい歩くことはまずない。

魅力的という錯覚を無惨にも打ち砕くものは、何と言ってもその悪臭である。うっかりツメバケイに近づいた人は、その臭いは牛にそっくりだと述べている。通称は「stinkbird（臭い鳥）」。ツメバケイにはちょっぴり失礼ながらぴったりだ。しかし、その長い冠羽をヒントに、学者たちは、まるで上流階級のご婦人が夜の観劇に着飾って出かけるような感じの、大仰な学名をつけて、その埋め合わせをした。*Opisthocomus*――後頭部に髪を長く伸ばしている様を表わしている。

今、牛を引き合いに出したけれど、それはくさい臭いの原因を示す鍵になるし、ツメバケイの単調で移動しない生活にまつわるいろいろな事情の説明にもなる。ツメバケイは樹木の葉を常食としている。葉を山ほど食べると、葉が消化するまでしばらく休む。葉は消化しにくいので、消化を促すために大きな前腸を持っている。それは牛の反芻胃にそっくり。いずれも、植物を消化吸収する過程で悪臭を放つ。

ツメバケイはこんな食生活をしているので、移動できないばかりか、その必要もない。できないのは、重い前腸とその中身のため、重すぎてうまく飛べないからだし、必要がないのは、生き物を捕まえずに木の葉を食べるのなら、遠くまで移動したり、すばやく動きまわらなくてもすむからである。

ツメバケイがこういう悪臭を持つように進化したことは、思いもよらないありがたい結果をもたらすことにもなった。このけっこう大きな、キジほどのサイズの鳥はうまく飛べないので、ヨーロッパの移民が（南アメリカに）きた当時は、ひょっとすると第二のドードー――簡単に捕まり、あっけなく絶滅した鳥――になっていたかもしれなかった。しかしながら、この臭いのために、現在の南アメリカ人口の大半を占めているヨーロッパの移民は、おいしい食べ物とは思っていない。ところが、先住民族の中には喜んで食べる民族もあれば、全然臭わない卵を食べる民族もいる。食わず嫌いでなければ、牛は臭くても牛肉のおいしさに気づこうというもの。

ツメバケイは人に危害を加えられないように、懐深くというか、何であれ懐ならぬ悪臭開口部の奥深くに、もう一つ別の強力な奥の手を用意している。ツメバケイは体内にある有用な微生物のおかげで、他の動物にとって有毒な葉を食べても平気である。学者がこの事実を十分に理解したら、それを牛に応用することもできる。そうすれば、牛は現在食べている葉よりさらに多くの種類の葉を食べられるようになる。牛の個体数が世界的に増えれば、世界の飢餓を食い止めるのに役立つ（ただし、ガスのたまった牛のおくびによって生じるメタン温室効果ガスの増大を減らす必要あり。この問題については、ニュージーランドの学者たちが鼻をつまんで、果敢に取り組んでいる）。これこそまさに今取り上げられている生物多様性の問題である。つまり、生物は人間に有益だから、自分たちの利益のためにできるだけ多くの種を保護しようということ。そして、この鳥ほど有益な生物はそうざらにいない。人間に有用な鳥の利用は、行きすぎにさえならなければ、鳥の保護に役立つ。たとえば、ケワタガモのたいへん暖かい防水性の羽は羽布団に利用できるし、キジをイギリスの田舎での狩猟用に増やしてもおかしくはないだろう。ただし、とかく度が過ぎがちな人間共通の性向を避けての話ではある。度過ぎは、鳥との関係のみならず、金融取引の好不況にもよく見られる。

ツメバケイが分類上、鳥の世界のどこに位置づけられるのか、それがはっきりしないう

ツメバケイ（爪羽鶏）

ちに絶滅してしまうのは、残念である。アメリカ合衆国が独立を宣言した年に、学者はツメバケイを発見し、以来、クイナ、ハトやカッコウをはじめ、少なくとも異なる十科の中かその近縁に位置づけてきた。この問題にきっちり決着をつけるため、最近ＤＮＡの分析がなされたが、それは論争を深めるだけで、科学の進歩はしばしば対立を激化させこそすれ、

問題の解決には役立たないことを顕わにしている。現在受け入れられている考え方は、ツメバケイはこの地球上他のどの科とも密接なつながりがないので、学術上独自の科に位置づけるべきだ、というものである。

そもそもツメバケイのご本尊の臭気はともかく、社会的習性は上乗の香気を漂わせているのに、厳しく当たりすぎているのではないかと思われる向きがあるかも知れない。勇をふるって——まずは用心深く風上から——近づき、ツメバケイを調べる観察者は、一夫一婦制と面倒見の良さという二つの長所を持っていることに気づくだろう。ツメバケイは最大八羽で小さなコロニーを作り、みんなで分担してテリトリーを守り、巣作りし、ひなに食べさせ、必要とあれば体まで温めてやったりして子どもの世話をする。ガイアナ人はツメバケイとの結びつきを喜んでいるにちがいない。この鳥はガイアナの国鳥にもなっている。ツメバケイはアメリカ合衆国の同じく国鳥であるハクトウワシの威厳にこそ欠けるかもしれないが、面倒見が良く家庭的なことから、欠点があるにもかかわらず、ハクトウワシより好まれているのだろう。

（鈴木忠昌）

ウズラクイナ

CORNCRAKE

声はすれども姿は見えず

歴史はどこから突然現われたのかと思うような偉大な人物をたまに生むことがある。その背景を探っても、将来すばらしい才能を発揮するような人物になることをうかがわせるものは何も見当たらない。それについての一般的な反応は二つ。陰謀説を口にする連中はその業績を別人のものだと言い、良識派は無視しようとする。前者の憂き目にあったのは、ウォリクシャーの田舎に生まれた手袋業者の息子シェイクスピア、後者はノーサンプトンシャーの農業労働者、ジョン・クレア（一七九三〜一八六四）である。

鳥類学の世界では先駆者であり、一流の詩人でもあるクレアは最初一時期成功をおさめたものの、死後かなりたった二十世紀初頭まで詩人として顧みられることはなかった。しかし今はその時代でもっとも優れたイギリスの詩人のひとりだと多くの人に思われている。自然からインスピレーションを得た作品が多く、同じような才能をもった詩人の中で今までにこれほど多くの鳥の詩を書いた人はいないにちがいない。その作品は、まるで韻を踏んで書かれたフィールドガイドのようで、それぞれの種の重要な特徴が端的に示されている。中でもとりわけ優れているのが「ウズラクイナ」。十五連からなるこの詩で、いちばん印象的なのは羽毛について一言も触れていない点である。鳥を描写しようとしているのだから、これでは職務怠慢もいいところだと思われるかもしれない。しかしクレアはこの鳥の重要な点を示していた。いくら鳴いていても（鳴くのが好きで、マッチ箱を櫛でこするような音で二声鳴く）その姿はまず見ることができない。詩にみごとに表われているのは、ウズラクイナが詩人をじらし、詩人が読者をじらすこと。ウズラクイナは詩人の前に姿を現わさないし、詩人は読者にそれがどんな鳥なのか教えてくれない。その代わりにクレアは、この「生ける謎」を探すことに詩の大半を費やし、その見つかりにくさを印象強く描いている。

さがしまわるときにたまたま出会う草むらの中を
彼らはすべてしらべてみる。
彼らは通り過ぎる茂みの中をすべてのぞき見るけれど、
この鳥について何も知ることはない。

（鈴木蓮一訳）

クレア同様、ウズラクイナを見られなくてもあまりがっかりすることはない。秘密主義ではまだましなナイチンゲールに似た見栄えのしない小さな茶色の鳥である。ただし姿は異なる。バンなどと同じクイナの仲間だが、そのなかでは変わり者で、ハタクイナという昔の名が示すように、水辺を避けて農地を好む。またニューヨークを舞台にした犯罪ドラマに登場する警官のように、複雑な私生活をおくる変わり者でもある。雄は巣が互いに近くにある二羽あるいはそれ以上の雌と関係をもつこともよくある。

クレアは、しまいに精神を病んでしまう。長年愛着を抱いていた牧草地が掘り起こされたり、沼を干上がらされたりして、ノーサンプトンシャーの景色が様変わりしたのに耐えられなかったのだ。まるで身近にある生態系に敏感で、その変化に耐えられない鳥のようだった。ウズラクイナや葦原を好むサンカノゴイなど、ノーサンプトンシャーで記録された鳥の多くは生息環境や農業のやり方が変わったせいで、繁殖のために定期的に姿を見せることがなくなって久しい。大鎌を手にした人間に代わって十九世紀に機械が刈り取り作業をするようになり、ウズラクイナはひどい目にあった。ひなは逃げ足が遅かった。現在イギリス諸島では主にスコットランドとアイルランドの管理の行き届いた自然保護区で見られる。

クレアの残した鳥の観察記録——詩によるものもある——は歴史的にきわめて貴重なものとなっている。現代のバードウォッチャーのようなやり方で地元の鳥について記録した史上初めての人物で、鳥の日々の行動を徹底的に観察するだけで、傷つけることなく立ち去っている。クレアと同時代で鳥に興味を持った人たちは、その生涯を通じてあまりいなかったが、鳥を撃ち落とすことが多かった。

ジョン・クレアのような人は近頃いるのだろうか？　もちろんいる。バードウォッチング用語で「ローカルパッチ」と呼ばれる頻繁に訪れる場所を自宅周辺にもつ何万というバードウォッチャーがそうだ。そこを少なくとも毎週あるいは時によっては毎日訪れて、自分の住む地域に愛着を持ち続けようとしている。詩人もわれわれと少しも変わらないし、同じことを感じているのだが、紙に記す才能だけがちがう。

ヴィクトリア時代のウィルフリッド・スコーウェン・ブラントの詩には「ローカルパッチ」から得られる喜びがとてもよく表われている。多くの鳥が登場する「老地主」という詩には、いつも同じだが平凡ではない、その季節だけに限られているが本質的には変わることがない、そうしたすべてのものから得られる喜びが感動的につづられている。

広い土地などいらない
この愛する領地だけでいい
いつものように楽しみ
これまで通り生きていく

ところが思わぬ落ちが待っている。変わることのないイギリスを述べるために挙げた五種類の野鳥のうち、キジだけはイギリス原産ではなく、ノルマン人が移入したものである——昔なじみと愛されているのが意外に新しいこともあるという教訓をお忘れなく。

ついでながらウズラクイナを見つけるのが大変だとおっしゃるのなら、野生のウズラはいかが。こちらはほとんど目にすることができない。ナチュラリストはどうやってその姿を知ったのかと思うほどである。この鳥は人間との接触をあくまでもさけるために、もうひとつ武器をもっている。いわゆる腹話術で、他の場所から聞こえるかのように声を出すことができる。キース・ハリスは、大変な思いをしてアヒルのオーヴィルがしゃべっているように見せかける技を身につけたが、その必要はなかった。ウズラを使えばよかった。代わりに何から何までやってもらえただろう。

（深瀬和子）

悪名高い謎の鳥

ヨタカ
NIGHTJAR

歴史上、ヨタカほど怪しまれ、怖がられ、真っ向から悪しざまに言われてきた鳥は珍しい。

この鳥を嫌う人間の歴史は古い。アリストテレスが、ブリテン島にいるヨーロッパヨタカは家畜の乳を吸って盲目にすると書いたためか、この仲間のあるものには、「山羊の乳を吸うもの」という意味の学名*Caprimulgus*がつけられた。これは見当ちがいの汚名で、ヨタカに顧問弁護団がついていたら、さっそく名誉棄損で訴訟が起きたところだが、この学名も、ヨタカの悪名も定着してしまった。

北アメリカの多くの地方で、英語名Whip-Poor-Will（ウイッププアーウィル）「ウィルの鞭打たれ」と呼ばれるヨタカは、鳴き声からこの奇怪な名前がついているが、人の死を連想させる。スラウェシ（セレベス）の地元では、ハインリヒヨタカを悪魔のヨタカと呼んでいた。その鳴き声は、まさに人間の目玉をすりこむ音なのだそうだ（そもそも、地元民はそれがどんな音なのか、どうして知っていたのだろうか?)。イングランドには、ヨタカをパックに結び付けている地方もある。パックは本来意地の悪い妖精なのだが、『夏の夜の夢』ではシェイクスピアが伝統を破り伝承を覆して、魅力的な妖精に変えている。オーストラリアでは、ヒゲナシヨタカが、夜陰に紛れて嬰児をさらうと考える先住民もいた。つまり種々の文化に属する世界中どこに行っても、人間はヨタカをヨってタカって目のかたきにしていたようである。

ヨタカはとても立派とは言えない世間の評判を思いめぐらし、「わたしが何か変なことを言ったからかしら」と頭をひねるにちがいない。ヨタカに冥土の鳥という悪名が定着したのは、奇妙な鳴き声を出すからである。*Caprimulgi*《カプリムルギ》属のヨタカの中には、口で臨終のときの喉鳴りのような音を出すのもいるし、雄が雌を誘うときに、羽ばたきで鞭のパシッという激しい音を出すのもいる(しかし、雌がこうした評判の半分しか信用しないとしても、まともな神経の持ち主なら、そんな雄とつがいになり子どもを生もうと思うかどうか疑問である)。

ヨタカは大体、頭がまんまるで、時には目がとても大きいので、見かけが妙に人間くさい。また、ある種のヨタカは、近くに人間がいると、好奇心にかられて、人懐っこく話しかけたいかのように、大きく輪を描いてそのまわりを飛ぶことがある。おそらく、こうしたあれやこれやから生まれた俗説だろうが、ヨタカの体の中には、洗礼を受ける前に死んだ嬰児の魂が宿っているという。ヨタカについての悪い連想は、当然の成り行きで、弾みがついて広まった。たとえば、北アメリカのある種のヨタカには、鳴き声の擬声音からChuck-

Will's-Widow（チャックウィルヨタカ）「チャックウィルの後家」と名前がついているが、聞きようによっては「ハイ・ハイ・ハロー」と、なんとなく陽気なリズムに聞こえないでもない。

とすると、それほど驚くことではないかもしれないが、ヨタカは大衆文化のあまり健全でない片隅で、少しずつ知られてきている。ホラー作家のH・P・ラヴクラフトは、一九二九年の作品『ダンウィッチの怪』のプロットの仕掛けに、ウィップアーウィルヨタカを使った。ラヴクラフトや伝説などによって、ヨタカへの非難は山のように積み上げられる。こうした状況だから、ウェスタン歌手ハンク・ウィリアムズが『泣きたいほどのさびしさだ』の中で、「ヨタカがさびしくて飛べないと言っている」と歌っているのも無理はない。新聞記事なら　見出しは「鳥に鬱の症状、訴える有名カントリーシンガー」とでもなろうか。

ヨタカは夜行性の昆虫を捕食するが、そのことでこの鳥には夜の闇に対する人間の複雑な気持ちが映し出される――電燈が使われる以前の世の中では、まともな生業の人間なら、夜中に起きてうろついたりしない。

しかし、ヨタカは、フクロウなどほかの夜行性の鳥よりも、いちだんと神秘的な要素が多い。日中ねぐらにいるとき、灰色がかった茶色と白の羽毛が、木の枝や枯葉にまぎれこんで完全にカムフラージュされるおかげで、この鳥はほとんど人間に知られていない――そして鳥の場合も、人間の場合と同様、正体不明は不信を生む。ヨタカは鳥類では、西部

劇で田舎町に現われたよそ者と同じだ。わたしたちには、自分の中に潜む恐れ、望み、疑いを、よそ者に対してと同様、あまりなじみのない鳥にも抱いてしまう癖がある。わたしたちのヨタカに対する姿勢は、まだおとなの分別などついていない頃——ときにはもっとおとなの良識を持つようになってからも、ロンドンの地下鉄で見かけた浅黒いハンサムなよそ者に一目ぼれしてしまったときの気持ちにほかならない。

ヨタカには、まだまだわからないことが多いので、現在知られているだいたい八十五種類のほかに、未発見種が少なくとも一種はあるとわたしは思っている。八十五種のうち、何種類かについては全くの僥倖から知られているだけで、その食餌、繁殖などの習性は未だ謎のままである。ハインリヒヨタカについて言えば、一九九六年までに科学者によってたった一羽目撃されたが、よくあることで、その存在は現地の人たちには知られていたらしい。ヴォーリーヨタカの場合、一九九二年にただ一羽が発見されて以来、どこからも視認の報告がない。いると言っていいかどうかわからないが、いるとすれば、場所は北極、南極とまでは言わないが、最果ての地——中国新疆ウイグル自治区県南西部タクラマカン砂漠である。

ヨタカの名誉のために、何かできることはないか。そろそろヨタカの顧問弁護団がPR界のカリスマリーダーの出馬を仰いでもいいころだ。マックス・クリフォード†などいかが？

† 英国の著名なPRコンサルタント。醜聞の渦中にある有名人の広報コンサルタントを積極的に務めることで知られている

（菅原英子）

ハチクイ

BEE-EATER

トウィッチング――それって趣味？それとも中毒？

「絶対見たいハチクイ」――バカンスは海外でバードウォッチングを、と業者が気をそそるように送りつけてくるリストの隅から隅まで丹念に目を通し、探鳥冒険旅行で出くわすかもしれない珍鳥を物色したあと、多くの人がそうおっしゃる。

なぜそんなに人気があるのか、そのわけは観察図鑑を見れば一目瞭然。ハチクイにはいろいろ種類があるが、どれもこれも例外なく色が鮮やかで、しかもその仕上げとして体の両端にすばらしい飾りをつけている。後ろにはひらひらと優雅になびかせる長い尾羽、前にはくねるような曲線を描く長い嘴といった具合。ハチクイを見たことのあるバードウォッチャーには、それぞれお気に入りがある。わたしが好きなのは南アフリカにいるミナミベニハチクイで、少しはきれいなところがあるでしょう、なんて遠慮はかなぐり捨て、単刀直入、息をのむような華麗な姿を見せつける。一口に美しいと言ってもそのありようには大きな幅があるが、その一方の極は清楚な姿が愛でられるアメリカのヤブスズメモドキだろう。一見なんの変哲もない茶色の小鳥だが、じっくり見ると首と背中、そして翼に走る細い縞模様が微妙に美しい。ヤブスズメモドキの対極にいるのが、ほかならぬミナミベニハチクイである。全体的にはピンク色で、長い尾羽と曲線状の長い嘴がいきなり人の目をとらえる。もちろん羽にほどこされた青緑色やブルー、グリーンの仕上げの差し色も美しい。

ハチクイの行動もその姿と同じくいやおうなしに人を引きつける。名前が示すように、この鳥はハチを食べる（何を当たり前のことをと思われるかもしれないが、誤解を招きやすい名前のついた鳥は少なくない。たとえばミヤコドリは牡蠣を捕る鳥 Oyster Catcher と呼ばれるが、牡蠣はめったに食べない。ハチクマ Honey Buzzard は、buzzard とはいえノスリ属ではない。セネガルショウビン Woodland Kingfisher はいかにも漁師っぽいが、魚より虫の方が好き。水辺でなく森に棲んでいるので、そのほうが都合がいいだろう。鳥につけられた滑稽な名前についてもっとお知りになりたければ、〈キョクアジサシ〉（22頁）をご覧ください）。ハチクイは、ハチの毒針を取り除くとき、かなり残忍な習性を発揮する。長い嘴でハチを挟んで、小枝のような固いものに繰り返し叩きつける。ハチをつかまえ、口に入れる前に念入りに下ごしらえする様子は、見ていて興味深い。まるで超一流のシェフが丹精こめて料理を作っているようだ。

一九五五年にバードウォッチングに関心のあるイギリス人が、ハチクイにあこがれて、巣を作っているヨーロッパハチクイのつがいを探しにブライトンの近くにやってきた。これがきっかけで世界最初のトウィッチングなるものが始まった――バードウォッチングの歴史の中でも、画期的なできごとである。

ここでまずトウィッチングとはどういうことか、また同じく重要なポイントとして、どういうことはトウィッチングと呼べないのかを説明する必要がある。トウィッチングとは、自分の国ではめったに見られないのに、たまたま姿を現わした鳥を見に出かけることを意味する。ヨーロッパハチクイの場合、この鳥は専門用語で言うオーバーシューティング（行き過ぎ）をする傾向があり、それで思いがけない場所で発見される。ヨーロッパ本土で繁殖をするためにアフリカから渡ってきたのに、少し北に行き過ぎてイギリスにきてしまったのである。目的地を通り過ぎるなんてよくある話、ただ、ちがう国へはるばる行ってしまうのは、とんでもなく無能なしるしと、ハイカーなら肩をすくめて言うだろう。トウィッチングはありきたりのバードウォッチングとはわけがちがう。しかしメディアは時おり同じと思いこんでいる。特定の社会にいかにも通じているかのようにその仲間内の言葉を使い、あげくにその使い方がまちがっているという、よくある例である。

このハチクイ追っかけの原型は、一九五〇年代の社会のゆったりしたペースで広まった。ハイテクを駆使しハイペースで展開するハイレベルの現在のトウィッチングとは対照的である。どこかにハチクイが現われると、見つけた人は郵便であちらこちらに知らせ、おおぜいの人が何週間もかけて見にやってきた。以来トウィッチングは進化の一途をたどる。一九七〇年代、八〇年代は電話が普及し、珍鳥を見かけたというニュースは電話で友人に伝えられた。わたしが一九九〇年代にシリー諸島（アメリカのごく珍しい鳥のホットスポット）で十代のトウィッチャーとして二週間を過ごしたころには、わずかながらウォーキートーキーを使って、鳥の正確な居場所を百メートルぐらい離れたところにいる友人に知らせている人がいた。やがて携帯電話がウォーキートーキーを凌ぐようになる。今では愛鳥家は登録をしている会のサービスを通して、スマートフォンで鳥の居場所の最新情報が得られる（それに同様に重要なことだが、その鳥がまだ現場にいるか、わざわざ見に出かけていく価値があるかどうかも知ることができる）。当初のハチクイ・トウィッチングは、こういう状況とはおよそかけ離れていた。しかしトウィッチングと見なされる特性は揃っていた——居るはずのない場所に現われ、しかもよく知らない、それどころか間接的にさえ縁のない人が見つけた鳥を見るために、愛好家はどれほど遠方だろうと出かけて行くのである。

そもそもトウィッチングはどうして人気を集めるようになったのか。ありふれた普通のバードウォッチングでは表に出ていなかった動機の一つ、すなわち狩猟本能を満たしたのである。目指す鳥を見つけ、銃の照準を合わせるように双眼鏡のピントを合わせる。レンズの中で鳥を特定できる固有の特徴が確認できれば、まさに「やった！」という気分になる。狩猟でいちばん頭にくるのは、獲物を見つけていながら見失ってしまうことだ——あと一歩のところで、成功はふいになってしまう。トウィッチャーの場合も、最悪の悪夢はまったく同じで、仲間内の用語でＵＴＶ「未確認目撃」と呼ばれている。それらしい鳥を見たが、まちがいなくその種だったと確認印をつけられるほどはっきり見えたわけではない、という状況を意味する。つまりトウィッチングは実際には、珍しい鳥を仕留め収集したいという昔のヴィクトリア人の本能のよみがえりである——このことからわかるように、鳥に対する人間の姿勢は、結局さほど変わってはいない。

しかも時にはその勝利さえ束の間にすぎない——何百キロも走ってガソリンを浪費し、延々と望遠鏡を覗き込んで首の後ろがガチガチに凝ったあげく、鳥の姿が見えたのはたったの五分。そして鳥はまた森の下生えの中に消えてしまう。チェスターフィールド卿が語っていたように——セックスに関する発言だそうだが、わたしの思うにこれはトウィッチングの話——「喜びは束の間、姿勢は滑稽、それにいまいましいほど金がかかる」。そう聞いてこれをあまりおもしろくもなさそうなお出かけと感じる方は、思い出していただきたい。トウィッチングをするのは、バードウォッチャーの中でも少数派だということ。鳥を楽しむにはほかにもっと気の利いた方法がたくさんある（ただしトウィッチャーにこんなことを言ったら、しらけた顔をされますよ）。

（家本清美）

鳥は増えている
アカゲラ
GREAT SPOTTED WOODPECKER

イギリス人はよく、昔のほうが何ごともよかったと言う。人びとのマナーであれ、生活のペースであれ、街の清潔さであれ。鳥もその例外ではない。

しかし、バードウォッチャーの間でもあまり知られていないことだが、一九九〇年代の中頃以来、鳥では勝ち組の方が負け組よりも多くなっている。一九九五年から、普通の鳥類について調査したところ、増えたのは五十八種類、対して減ったのは四十四種類、五種についてはどちらとも言えない。アカゲラは増えた方の好例である。調査期間中に総数は、およそ倍の四万つがいに増えている。自然愛好家なら誰でもキツツキが大好きだろう。独特の姿をしていることと、巣穴を作り雌の気を引くために嘴でトントンと音をたてながら木をつつくその習性が興味をそそる。これは頭の中の緩衝組織に助けられているのだが、その組織についてはバイク用ヘルメット・メーカーも研究をつづけている。幼いときにアカゲラを目にしてわくわくしたその独特の興奮は、どうやら冷めてきた感じがする。当時でもイギリスで繁殖しているキツツキの中ではいちばんよく見られたのが、ますます平凡になってしまった。昼間散歩の途中で、シャンペンのコルクが抜けるような鳴き声を一声二声耳にすると、きっとキツツキに会える。キツツキに会えるのはいいが、いくらなんでももうシャンペンの瓶が欲しくなるなんてことはない。そんなことになれば、自然愛好者は今頃ぐでんぐでんに酔っぱらっているだろう。アカゲラなどよりはるかに増えた鳥がい

る。たとえばノビタキ――親切に藪のてっぺんに止まってくれて、まるで「ハーイ、わたしの元気ぶりを見て。この頃はどこでだって会えるのよ」と言わんばかりに鳴くこの小さな鳥は、数が一六八%も増えた。

イギリスの鳥の数が減少より増加する傾向は、稀少鳥でとくに著しい。過去二十年のあいだ、自然保護主義者が絶滅から救えなかった稀少鳥はイギリスではわずかしかいない。サンカノゴイやソリハシセイタカシギのように増加しているほうがずっと普通で、擬態の巧みなアリスイなどは例外と言っていい。アリスイはヨタカに似ていて、はっきり言うと、木のこぶのように見えるが、これまた実はキツツキの一種である。アリスイは現在イギリスではごくたまにしか繁殖しない。

どうしてこうなったのだろう。稀少種については、答えは比較的簡単である。以前とくらべて自然保護一般について、また特定の鳥にとって何がプラスになるかについて、はるかに知識が多くなっている。たとえば、サンカノゴイが広いアシの湿原を好むことは前々からわかっていた。アシの広い湿原を作るのに数十年も失敗したあげく、アシが生えていなくても、水路が縦横に走っていて見まわって歩けるところならサンカノゴイに好まれることがようやくはっきりしてきた。

ありふれた鳥の場合は、ちょっと答えるのがむずかしい。ひとつの説では、過去とくらべて現在は自然保護区がはるかに増えているからだという。保護区は田園地帯のごく一部を占めているだけだが、鳥の数がヴィクトリア朝時代の水準を大幅に下まわるのをおさえて、わずかながらもう一度上昇させるには十分である。また別の説では、庭園も事実上保護区になっているからだという。十分保護された生息地になっている個々の小さな庭園をまとめれば広い地域になる。特にイギリス人は冬になると庭にくる鳥に餌を与える、それが冬場の大幅な減少を防いでいる。

ところでアカゲラがよく繁殖しているのは特別な理由でもあるのだろうか。よく言われるのは、一九六〇年代にひどい損害をもたらしたニレ立枯病のため、まさにアカゲラが好む枯れ木がたくさんできたという説。自然界では、ある生物に禍をもたらすものが他の生物に福となることはよくある。

（西谷 清）

セジロアカゲラ

HAIRY WOODPECKER

——奇人の大作——

セジロアカゲラ (Hairy Woodpecker) は黒い翼に白いジグザグ模様があり、イギリスのアカゲラによく似ている。北米から中米にかけて生息するこの鳥は、野外で見ればケワタゲラ (Downy Woodpecker) にもっとよく似ている。セジロアカゲラの hairy（もじゃもじゃ）とケワタゲラの downy（ふわふわ）は形容詞としてまるっきり別物に思えるので、森で両者の種名を確認するのは、鳥の中でいちばん簡単だろうと、新米バードウォッチャーはつい思ってしまう。ところがこの変わった名前は、野外ではなく博物館の標本を毛の生え際まで探ってつけたもの。〔実は hairy（毛状の）と downy（綿毛状の）は、そこまでしないとはっきりわからない。セジロアカゲラには背中などに毛状羽が生えているが、ケワタゲラにはそんなものはなく、代わりに柔らかい羽毛が生えている。〕森ではほとんど見分けがつかず、どっちがもじゃもじゃだかふわふわだかわからない。区別する最良の方法は嘴の長さを比べることで、長い方がセジロアカゲラである。

セジロアカゲラ

この二種はとくに近縁ではないが、収斂進化の好例である。つまり二種類の鳥が同じ必要に応じて、時を経て互いによく似てきたということ。ツバメとアマツバメの場合もそうで、ツバメにもっとも近いのはたぶんシジュウカラだし、アマツバメはハチドリの親類である。セジロアカゲラは落葉樹の森ではありふれた鳥だが、ジョン・ジェイムズ・オーデュボンの著作の中では、おそらくすべての鳥の中でもっともよく出てくる。オーデュボンはアメリカの鳥類学の風変りな創始者で、ジェットコースターさながらの生涯の間に、五つの異なる場合に五人の異なる人物にちなんでこの鳥を命名している。また一度ならず、ほかの誰かがすでに発見して先に名前をつけている鳥を新たに「発見する」という落とし穴に落ちてもいる。種を発見して命名するのにそんな杜撰なやり方をする人間が、なぜアメリカ鳥類学の父とみなされているのだろう。

オーデュボンは多くの点で徹頭徹尾、無能な人間だった。最初は父にならって船乗りになろうとしたが、船酔いしやすくて挫折したのがケチのつき始め。それから商売に手を染めるが、あきれるほど不首尾で、もののみごとに破産し、投獄される始末。じっさい四十代になるまで世間的な成功とは無縁だった。オーデュボンは一七八五年に生まれ一八五一年に死んだが、同年代の男性は四十代にはすでに大方往生していただろう。ネズミに自分の鳥の絵をかじられて鬱になり、黄熱病を患い、田舎に出かけ小川に落ちて死にかけたが、辛抱強く常に忠実な妻ルーシーの看護のおかげで健康を取り戻す（ルーシーの哀れな夫との暮らしの顛末はぜひ聞きいておきたいものである）。

しかしオーデュボンの鳥の絵は、今まで見たうちでもっともすばらしい。一八二七年から一八三八年にかけて出版された代表作『アメリカの鳥類』は、縦約一メートル横約六十六センチメートル。「ダブル・エレファント版」と名づけられた新型の二つ折り本で（この版は、鳥を実物大に描きたいという彼の夢を実現するために考案された）、絵の大きさと美しさとがあいまって見る者を圧倒する。たとえばサンショクサギの絵からほんの三十センチのところに立ってみたとしよう。この距離ではその迫力たるや本物以上にちがいない。このみごとな大冊は世界でもっとも高価な印刷書となり、最近では七百三十万ポンドで売られている。

オーデュボンのために公正を期して言えば、四十二歳のときに『アメリカの鳥類』の初版が出るまでの経歴は、まったくの愚か者の物語というよりは、ひたむきな情熱のゆえに日常生活から逸脱した男のそれで、その情熱の対象こそがひとえに鳥だったのである。ハイチで父の砂糖のプランテーションで育ったときに鳥に心を奪われ、以来、鳥が頭を離れることはなかった。あらゆる機会をとらえて鳥を眺めて過ごす（当時、鳥の繊細な羽毛を詳しく観察できる双眼鏡はなかったので、しばしば標本となるものを撃ち落としていた）。そして父のプランテーションの仕事をなおざりにしては、鳥をスケッチした。

オーデュボンはアメリカの鳥を、以前に描かれたどの絵より、もっと完全にもっと美しく記録したいという夢を抱いた変人だった。またかなりの完璧主義にとりつかれ、絶えず自分の絵を破り捨てては、さらによい絵を描くように自分を追い込んでいた。写生するために自然な姿にしようと、撃ち落とした鳥に針金を入れたりもしたが、現代の鳥類画家には、その絵は型にはまりきってやや非現実的だと考えられている。しかし今どきの人が何と言おうとそれらの絵は芸術作品で、アメリカの鳥類学に大きなはずみをつけた。世の中にはオーデュボンのような変人が必要なこともある——ずば抜けた才能のある変人は、種を前進させ、進化の過程を続ける鳥の種の異常型に似ている。

オーデュボンの本はまた、失われた時代を記録するものでもある。描かれた鳥のうち、その後確かに、あるいはたぶん絶滅したと宣言されているものが六種にも達する。オオウミガラスは確実に消えてしまったが、エスキモーコシャクシギは北極圏のカナダやアラスカの人里離れた広大な土地のどこかに、かろうじて踏みとどまっているかもしれない。かつてはそういった土地で百万羽も繁殖していた。興味深いことには一九八〇年代という最近になって、信頼できるバードウォッチャーからこの鳥を見たという報告が入っている。ちなみに実物大のエスキモーコシャクシギなら、奇妙な運命のいたずらで、はるかに離れたシリー諸島の博物館でじっくりお目にかかれる。一八八七年に同諸島で撃ち落とされたものだ。ハシジロキツツキも、近年アーカンソーの荒野で見かけたと言われているが、証拠がないのでたぶん絶滅しているのだろう。

しかしセジロアカゲラはどうか？　北米および中米で九百万羽以上も繁殖しているが、ジョン・ジェイムズ・オーデュボンに敬意を表してアメリカ中に設立されたオーデュボン協会の恩恵を少なからずこうむっている。皆さん、人類史上もっとも傑出した役立たずのひとりを称えようではありませんか。

（栗山節子）

ほんとにいたんだ！ホオアカトキ

Northern Bald Ibis

ホオアカトキは、歴史がいかに大切であるか——そしてそれは鳥に関しても例外ではないこと——を教えてくれる。

十六世紀に、四巻からなる百科事典のような『動物誌』を著したスイスの学者、コンラート・ゲスナーは、どこからどこまで信用するわけにはいかない人である。同書には、サイなどのなじみの動物や鳥のほかに、一角獣のような空想的な動物まで掲載されている。そこで、「ニワトリより大きな黒い鳥。顔に羽毛がなく、嘴は長い。スイスの山地に生息する」という記述を二百年後に読んだ人の多くは、そんな鳥など見たことがなかったから、これもゲスナーの空想の産物だろうと片づけた。人間のように顔がつるつるしている鳥なんて、想像力がたくましすぎるだれかさんが思いつきそうなことだ。何の鳥の仲間なのかさえ誰にも分からないというのだから、ますます始末が悪かった。ゲスナーはカラスの仲間だろうとまちがえた。十八世紀のスウェーデンの博物学者リンネは、カケスに似た鳴鳥ヤツガシラの仲間にちがいないと考えて、それ以上に——というのが可能ならばの話だが——外れてしまった。しかし、リンネのために言わせてもらえば、ゲスナーの木版画はお粗末で、むしろヤツガシラに似ている。

ところがなんと、二十世紀になってすぐ、この記述にぴったりの鳥が北アフリカと中東で見つかった。化石もいくつかヨーロッパで発見され、ゲスナーはちゃんと事実を書いていたことがわかった。記載から百年ぐらい後にヨーロッパで絶滅して忘れ去られ、後世の人にその存在を信じられなくなっただけのことなのだ。おおかた、うまい肉を目当てのハンターたちに獲り尽くされてしまったのだろう。

そうなると重要なのは、ゲスナーが書いたとおりに、ホオアカトキがかつてスイスや中央ヨーロッパの各地に生息していたという事実である——それは今また絶滅しようとしているのだから。ホオアカトキを捕獲して繁殖させ、野生に帰す試みがいくつかなされていて、その中にヨーロッパで進行しているプロジェクトもある。ホオアカトキが数百年前に、ヨーロッパが住みやすいと思って生息していたのなら、好きにさせてやればいいじゃないかという想定にもとづいている。どういう場所が繁殖に適しているかについては、学者があれこれ推測するよりも、歴史のほうがずっと多くを語ってくれる。鳥の好みは複雑で、人間が鳥のためにいい場所だろうと推測するだけでは大外れのことがよくある。

オーストリアでは二つのプロジェクトが進行している。歴史を詳しく見ると、一五〇四年にザルツブルクのレオンハルト大司教が、この鳥をむやみに獲ってはならないと命じて

ホオアカトキ

いる。こうして、世界で初めて公的保護鳥になる栄誉を受けたわけだが、ヨーロッパでの絶滅は免れなかった。大司教の命令が功を奏さないとは、当時の信者たち、説教のほうはもう少しちゃんと聴いていたのだろうか。ともあれ、かつてホオアカトキの生息地だったことは、オーストリアがこの鳥を再移入しようとする試みに、生態学的および道義的根拠を与えている。

　鳥についての記述を歴史の中に探ると、思いのほか多くのものが浮かび上がってくるものである。十五世紀にスペインで書かれた鷹匠術の本によると、ホオアカトキはスペインにも生息していたらしい。スペインでの再移入プロジェクトは軍の協力で進められている。軍隊は訓練用地として、人がほとんど住まない広大な土地を所有しており、スペインもご多分にもれない。一九七〇年代にイギリスで行なわれたノガンの再移入計画も、やはり軍の所有地ソールズベリ平野を利用していた。ただし、これは失敗に終わった。

ホオアカトキが復活したのは、おそらく醜さのおかげだろう。これだけみごとに醜いと、むしろ美しいとさえ思えてくる。そこで動物園の呼び物になり、千羽以上が飼育されている——これは野生の個体数をはるかに上回る。動物園は自然に帰すプロジェクトのために鳥を提供できるようになった。そのほかにも、最先端の技術が総動員されている。なかでも、衛星追跡システムによるモニタリングの威力は薄気味悪いほどで、冬の寒さを避けてエチオピアへ渡る個体群がいるという有用な情報をもたらした。人の目で確認されたのはその後のことである。この画期的な発見ひとつをとっても、二十一世紀のデータ収集のやり方は、なんと大きく変わったことだろう。十九世紀末までの鳥を撃って殺すやり方はもちろん、二十世紀の生きている鳥を目で見る方法をも超えてしまった。

結局、ホオアカトキについてのゲスナーの記述は、かなり正確だとわかった。実のところ、当人の挿絵などよりはるかに実物に近い。しかし、ふしぎな鳥であることには変わりがない。トキの仲間のほとんどは水辺の環境を好むが、ホオアカトキは崖で繁殖し、乾燥したステップ地帯で餌をとる。ホオアカトキの歴史を見ると、過去には実在したのに、薄汚れた古い本に掲載され、不確かな空想の産物として片づけられ、結局は絶滅という運命をたどった鳥が、ほかにもいるのではないかと思わずにいられない。

（殿村直子）

死ぬほど愛して

マメハチドリ

BEE HUMMINGBIRD

ハチドリという鳥、生まれて初めて目をとめた人にはとても鳥とは思えないだろう。双眼鏡を向けて見なければ、宙にとまっている様子はまさに虫——ひょっとしてミツバチか、と考えてしまう。

一部のハチドリの大きさは、ハチとそう変わらない。キューバに生息するマメハチドリはその名のとおり世界最小の鳥で、体長わずか五、六センチ。四センチ近くになる大型のマルハナバチより、ほんの少し大きいだけだ。外見以外にも似ているところがあり、同じように花の蜜を主食としている。

ハチドリ好きは、あの小ささであんなに羽ばたいていては、加減を知らない幼子みたいにくたびれ果てるのが落ちと、心配するかもしれない。しかし、この羽ばたきにはれっきとしたわけがある。種によっては一秒間に最高八十回も羽ばたいてホバリング（空中に静止）しなければ、長い嘴に納まった長い舌で吸蜜するなんていう飛び切りの離れ業はできっこない（ヘリコプターを開発したロシア生まれのアメリカ人、イーゴリ・シコルスキーが、ハチドリの観察から多くのアイディアを思いついたというのも頷ける）。こうして莫大なエネルギーを取り込むのだが、これに要するエネルギーも半端ではない――なにしろ数百もの花を、毎日訪ねまわらなければならないのだから。

この極端とも言える暮らしぶりは、はからずもいくつかの奇妙な副産物を生むことになった。一つはハチに似たブーンブーンという（humming）羽音で、英名（hummingbird）はここからきている。もう一つは花蜜から取り込んだ水分をすべて出してしまおうと、のべつ幕なしに放尿する習性である。いくらきれいな鳥でも、あまり近くに寄るのはお勧めできない。

多くの人が知りたいと思っている重要な問題は、ハチドリは一体なぜあれほど美しいのか、ということだろう。鳥の世界でいちばん普通の色は、およそ色気のない色。カムフラージュ効果があって目立たず、「わたしのことはほっといて」式で人の関心を引かない色。茶色である。

あでやかさのわけを現代的に説明すると、小さいからきれいでいられる、ということになる。ハチドリは鳥の世界のキュウリに相当する。要するに、捕食者がこのちっぽけな曲芸師をつかまえて食べたところで、消費したエネルギーの元をとるまではいかない。自然界の進化の傾向として、雄はあまり困った結果にならない程度に精一杯魅力をひけらかす（鳥に限ったことではありませんぞ）。ハチドリの場合、この傾向がフルに発揮される――つまり、雌を惹きつけるために好きなだけ色をまとい、外見を派手にできるわけだ。

もう一つの説はマヤ人のおもしろい言い伝えなのだが、進化についての知識を持たない社会では、これまたなるほど理にかなっている。マヤ人によると、いちばん偉い神さまが、すべての鳥をつくったあとで、手元に残ったあれやこれやの細々した材料を使い、色どり豊かなハチドリを誕生させたらしい。

ハチドリに出会って以来、人間はずっとこの鳥に魅せられてきた。アステカの社会にはハチドリ神まで存在した。アステカの民をつかんで放さない畏敬の念が、この神さまに体現されている。ハチドリを初めて見た直後に、「一目で虜になった」と書いて寄こした友人もいる。

虜になったのは一方だけではない。アステカ人は何百年ものあいだ、囲いの中でハチドリを育て、その羽をさまざまな宗教儀式に使用した。ヴァイキングは、勇敢な死を遂げた戦士はヴァルハラ（戦死者の楽園）に行けると考えたが、アステカ人はハチドリに生まれ変わり、いつまでも花の蜜を吸って暮らすと信じていた。

しかしヨーロッパ人が姿を現わすようになると、新世界に生きるハチドリの捕獲は、持続不可能な産業規模にまで達してしまう。彼らはこの鳥に夢中になり、南国風のまことに華やかな名前をつけた。「オオマダラ」とか「コマダラ」ではなく、鳥よりもカクテルを思わせる名前。ジャマイカマンゴー（ハチドリ）なんて、思わず「一杯いかがです？」と言ってみたくなる。この手のヨーロッパ人は大量の羽で婦人の帽子や衣服を飾った。もっとも、近年について言えば、生息地の消失がメキシコにいる美しいクロビタイオジロハチドリなどの絶滅危惧種に、乱獲以上の大きな影響を与えている。

ヴィクトリア時代、ハチドリは骨董品のようにちょっとした収集の対象となり、やはり大量に殺されはしたが、そのとき求められたのは羽だけではなかった。十九世紀のイギリス人ナチュラリスト、ジョン・グールドは事業家としての才に恵まれた野心あふれる人物で、さまざまな鳥関連の事業で財をなした。ハチドリには特別の思い入れがあったが、初めて生きたハチドリを見たのは新世界を訪れた五十三歳のとき。それまで何年ものあいだ、この鳥が花に囲まれた生息地でビュンビュン飛びまわる様子を夢に描いていたという。その思い入れは、究極の形となって現われる。千五百体の標本展示という一大企画がそれで、ハチドリをワイヤーの先につけて花々の上でホバリングする姿を本物っぽく演出し、一八五一年にロンドンの動物園で有料公開した（それでもグールドが実際に生きたハチドリを目にするには、あと六年待たなければならなかった）。現代の自然愛好家なら、ひどく悪趣味なおぞましい人集めと思うところだが、ヴィクトリア時代の人びとは感覚がちがったらしく、入場料を手に大挙して押し寄せた［その数七万五千人以上］。みんなハチドリを（ハチドリが）死ぬほど愛したのだ。

（八坂ありさ）

アマツバメ

SWIFT

空飛ぶ三日月刀

正確にはヨーロッパアマツバメ（Common Swift）と呼ばれるアマツバメは、世界中に一万種ほどいる鳥の中で、もっとも鳥らしい鳥ではないだろうか？

なんとも大胆な主張だと思われそうだが、鳥が注目され、とくに大事にされるのはその飛翔力のゆえだとすれば、空を飛ぶ三日月刀に似たこの尖った生き物は、その最たるものだと言っていい。アマツバメは、イギリスと他の北ヨーロッパの大部分の地域で繁殖し、飛翔中に睡眠をとることもあるとはっきりわかっている唯一の種である――寝ながら飛んでいて飛行機にぶつかったことさえある。通常高度一千メートルから二千メートルの間で、滑空とゆったりした羽ばたきを組み合わせて睡眠と飛翔を交互に行なう。どうやってこんなことをやってのけるのか、詳細がすべてわかっているわけではないが、人間と同じような深い睡眠はとらず、うとうと眠っている間でさえ、まわりの世界をある程度認識しているらしいことははっきりしている。イルカにもこれと似た能力があり、眠りながらゆっくり泳ぐことができる。

アマツバメの学名、*Apus apus*――「足がない」――は、アマツバメの飛翔能力が際立ったものであることを裏づけている。足はあることはあっても、ないも同然。アマツバメの体は飛ぶためにできている――セックスでさえ空中でやってのける。たいていの人間はとてもそうはいくまい。ところが、極端に短い足は、ほかのことには大して役立たないものの、断崖や民家の壁の巣ごもりの場所にしがみつくのには適している。足がないおかげでアマツバメはイギリスの貴族の紋章の中に永遠に残っている。もともとその紋章は、一家の長男以外の息子たちが、しきたりによって一族の領地に足がかりを持たず、自力で世に出なければならないことを象徴して作られたのである。

鳥の飛翔力が人間に感動を与えるのは、主にそれが地上の束縛からの解放を表わしているからにほかならない。わたしがこの自由の意味を痛切に感じたのは、十代の頃、学校のゴシック様式の大ホール――牢獄のようながっしりした造りの建物――で、朝礼のとき、校長が単調な低い声でだらだら話すのを聴きながら、同時に、屋外の、空のどこかで輪を描きながら高い声で嬉しそうに鳴いているアマツバメの声を聞いたときだった。アマツバメが鳥の世界では寝坊だという評判にも、その当時眠くてしかたのない年頃だったわたしは心を引かれた。アマツバメは昆虫を餌にする。だから昆虫より早起きをしても大して意味はない。そして、昆虫は、太陽の暖かさを受けて活発に活動するには、夜明けから数時間を要することもよくある。こういうわけで、アマツバメは、雨の朝などには特にだらだらと不活発な状態になりやすい――人間も似たようなもの。と言っても、そうしていられれば、の話だが。

アマツバメには、もう一つ苦しい事情がある。部屋を散らかして叱られたことのあるティーンエイジャーならだれもがその通りと思うだろうが、何もかもきちんと片づけておかなくてはすまない現代社会のますます強まる傾向に悩まされているのである。何百年にわたって、アマツバメはもっぱら建物の壁に巣作りをしてきた――そういう壁は、何はともあれ、かつて巣作りをしていた崖によく似ている。つまりアマツバメは、まるでこの世のものとは思われないところがありながら、その実、いよいよ子作りのときがきたと感じる重要な時期には、格別人間を頼りにしていることになる。ところが、建築業者は、軒の隙間を塞ぎ、タイルの下にコンクリートのフィレットを入れるなど、この世を必要以上にきれいさっぱり画一化することにいそしんでいる。彼らはアマツバメの敵である。イギリスではアマツバメの数は右肩下がりが続く。その点で、この鳥はクロハゲワシに似ている。死んだ家畜の死体を空飛ぶ腐肉の片づけ屋についばませないで焼却するようにと、農場経営者に奨励する規則や統制ができたために、クロハゲワシはその被害をもろにこうむった。

しかし、今、アマツバメの巣箱という形で手近なところに助ける道がある。アマツバメの愛好家はそれを買ってきて壁に取り付ければいい。庭を持たない駆け出しの環境保護論者には、限られた活動領域で小鳥を助けることができる数少ない方法のひとつである。アマツバメの巣箱は人気上々で、この鳥に対する人びとの考えに変化が生まれてきたことをはっきり表わしている。以前は、アマツバメが空中を高く飛んでいる姿や（みなさん、スズメと同じくらい、アマツバメをまともに見たことがどのくらいありますか?）、その不気味な鳴き声は縁起が悪いように思われることが多分にあった。たとえば、アマツバメには、Devil Bird（悪魔の鳥）というような、それにあたる地方固有の名前もついていた（しかし本当に悪評ふんぷんの鳥については、〈ヨタカ〉（326頁）を参照のこと）。

今日でも、その先のとがった刀剣のような姿や、鋭い鳴き声にはどこか悪魔を思わせるものが多少ある。にもかかわらず、夏の終わりに彼らが去って行くのを見るとうら悲しくなる――寒い不毛の冬に対する、太古からわたしたちの中に潜在する不安な気持ちが、その出立と結びついて喪失感を鋭くするのだ。翌年、春まだ浅い頃、わたしたちは、「あいつら、どこにきているのかな?」と思いをはせる――そして、彼らが戻ってきたことで、わたしたちの中に先史時代から宿っている不安な気持ちが消えてほっとする。さあ、これで実り豊かな夏がまちがいなくやってくるぞ。

（草野暁子）

一人前百ドルの珍味

ジャワアナツバメ

EDIBLE-NEST SWIFTLET

鳥の巣のスープなんて、昔から保守的なことで有名なイギリス料理を食べて育った人間は、聞くだけでまちがいなく吐き気をもよおす。

グルメとは縁のない人が思い浮かべるのは、まず小枝の切れ端がどっさりまじったスープだろう。実物はそれどころではない、もっと胃がひっくり返りそうな代物である。

ジャワアナツバメは、イギリスにいるヨーロッパアマツバメより小ぶりで、三日月型の翼ですいすいと空を飛び、自分の唾液だけで巣をつくる。この巣をとってきて、水に浸してほぐし、スープにすると、中国人の大好きな珍味のできあがり。食文化でわたしたちイギリス人を超保守派とすれば、中国人は反対側のはるかかなたから、「こっちのメシはうまいぞ」とイギリス人に手を振っている。

かくも美味なる唾液でできているアナツバメの巣の採集は、ことにジャワアナツバメの巣の場合、一大ビジネスになっている。取引は香港を中心に行なわれ、巣は中国本土やアメリカまで運ばれる。卸売り価格は、高品質のものならキロ当たり（およそ八十個）千ドルは下らない。中華料理店でスープになって出てくるときには、一人前百ドルもする。

ビッグビジネスの大方の例に漏れず、食用の巣の業界は自滅の種をかかえている。一般に国の経済は着実に成長するのでなく、とかく好況と不況をくり返す。銀行や企業が欲ばって手を広げすぎるからだ。食用巣産業はジャワアナツバメが繁殖する東南アジアに集中しているが、ここでも状況は変わらない。マレーシアのボルネオ島には、サラワクのニア洞窟にオオアナツバメの巨大なコロニーがあり、個体数の調査は困難ながら、おおよその推測によると、かつては四百五十万羽いたのが、巣の乱獲のせいでわずか数十万羽に減ってしまった。巣がはがされたら中の卵はどうしても壊れるから、コロニーは小さくなる。インドネシアでは、毎年千六百万個の巣が採取されているという。

全世界で数千万ドルにのぼる巨額の金がからんでいることから、必然的にさまざまな疑惑が浮かび上がってくる。脱税あり殺人あり。殺人とはまたとんでもない話だが、営巣地の利用権は政府から企業に売却されることが多いため、地元の人が巣をとろうとして営巣地に入り、殺されるのだ。

アナツバメの巣は大金を稼いでくれるので、工場さながらの大規模な生産が始まった――鳥が巣をかけられるようなハウスネストという建物をつくって、ツバメを呼びこもうという算段。実施は物議をかもしているが、ツバメの保護にもなる。ただし、本来のコロニーで巣をとるのは禁止し、採取はすべてハウスネストで行なうよう法律できめたらの話ではある。

ところで、あれやこれや苦労のすえやっと巣を手に入れて、できあがったスープの味は、果たしてどうなのか。巣は、ゴムのような食感で、食べ慣れるとだんだんおいしさがわかってくるものであることはまちがいない。それがほんとうに美味なのか、それとも、美容強精にきくということで珍重されるのか、その点で議論が沸騰している。

ジャワアナツバメやその姉妹種が絶滅してしまったら、残念この上ない。アナツバメは実におもしろい鳥で、いくつかの点で鳥というよりコウモリに似ている。通常は洞窟で巨大なコロニーをつくって暮らし、反響を利用して、自分の飛んでいる場所を知ったり、洞窟の出口を探したりする。見かけも、どちらかというとコウモリっぽい。体はやぼったい茶色で、めちゃくちゃに飛んでいるように見えるが、決してそうではなく、ひたすら昆虫を追っているのである。鍵を持って外出する人間なみにふるまうときだけでなく、餌を手に入れるときにも反響を利用していると推測する学者もいる。だとすれば、ますますコウモリに似てくる。コウモリの中で空中アクロバットがいちばん達者なオヒキコウモリ科のコウモリが自分たちの生息地に比較的少ないのをこれ幸いと、じゅうぶんに使われていない生態的ニッチをちゃっかり頂戴しているのかもしれない。鳥はチャンスがあればすかさず利用する。そのチャンスは鳥の世界で生じるものにかぎらない。

アナツバメの絶滅と戦う理由は、ほかにもある。アナツバメは集団繁殖するから、巣の採集がたやすい。生息地の洞窟はさながら巣の生産工場で、大量の巣を手っ取り早く集めることができる。ところでアナツバメはなぜ群れで暮らすのか。アナツバメは昆虫の大群のいわば追っかけで、ばらばらに散らばって探すのではない。獲物がつるんでいるなら、こっちもつるんで捕まえようというわけ。そして虫の大群を襲うのが得意なら、当然、自然の殺虫剤――環境にやさしく健康に無害な天然殺虫剤になる。つまりアナツバメは、人間にとって、巣が食用になるだけでなく、もうひとつ、もっと役に立つ仕事もしていると言っていい。自然は巨大で複雑な機械のようなもので、いくつもの部品でできている。部品をひとつでも取り除くと、全体が止まってしまうことだってある。ある事務職員が言っていた。退屈しのぎにボールペンを分解したのはいいが、元に戻そうとしたら、小さくても大事な部品がどこかに消えていてあせった、とか。

（中尾ゆかり）

赤ん坊を運ぶ鳥

シュバシコウ（ヨーロッパコウノトリ）

WHITE STORK

締めくくりにするには前後さかさまのきらいがあるが、生命の誕生を伝える鳥という伝説を持つコウノトリを最後に取り上げよう。この鳥は、待ち焦がれる家族のもとに、長くとがった嘴で赤ん坊を運んでくるという。数ある生き物のなかで、なぜこのトリ、コウノトリだけがこういった不思議な力の持ち主として信じられているのか。理由はいくつかありそうだが、すべてがこの伝説の裏づけに一役買っているように思われる。

第一はその姿が――ここでもう顔が赤くなる方は、さっさと先のページにお進み下さい――男性のシンボルを連想させるから。体は白黒だが、太い短剣のような形をした嘴は鮮やかなオレンジ色で、そのためにいっそう大きく見える。

もう一つの理由は、伝説の半分、つまり赤ん坊がどこか遠くから運ばれてくるという考えを信じるなら、あとの半分、つまり赤ん坊を運ぶ役にコウノトリがまさにうってつけという考えも受け入れるのが筋だから。多くの鳥がはたして渡りをするのかどうか、何百年も昔から学者は議論を続けてきたが、コウノトリはこのとおりまちがいなしと、世界的にほぼ意見が一致していた。大きな体と鮮やかな色の嘴をもつこのトリはひときわ目立つから、これは、全くの話、議論になるような問題ではなかった。望遠鏡などなかった昔の人でさえ、海を越えて飛んでいくその姿を認めることができた。紀元前七世紀ごろに書かれた旧約聖書のエレミヤ書にはすでに、「空を飛ぶこうのとりもその季節を知っている」と、渡りを伝える記述をはっきり残している。数か月の間どことも知れないところに姿を消し、新たに生命の活動が始まる春にようやく戻ってくるコウノトリほど、赤ん坊の運び役に適しているものがほかにいるだろうか？

この神秘的な役割のために特にコウノトリが選ばれたのはなぜか、それを説明するもう一つのなかなか想像力に富んだ、しかしきわめて独創的な説明がある。ドイツ北部で見られるコウノトリの習性にもとづいたもので、コウノトリ神話はその地方で誕生したと考えられている。現代のナチュラリストによれば、コウノトリがその地にやってくるのは六月後半の夏至祭り――キリスト教が入ってくる前に行なわれていた古代の豊穣の儀式――のだいたい九か月後。姿を消している期間は人間の妊娠期間とほぼ同じで、それでこういう考えが生まれたのではないか。

言語にもコウノトリと赤ん坊の結びつきをなんとなくほのめかすヒントが見つかる。ドイツ語ではコウノトリはStorch《シュトルヒ》と呼ばれる。その由来が「棒」を意味するドイツ語Stock《シュトック》にあると考える学者が多い。コウノトリといえば棒のように太い脚一本でじっと立っている姿が目に浮かぶ。「棒」やその同意語は、さまざまな言語（含日本語）で裏の卑俗な意味を持っている。ドイツ語でも例外ではない。それは何か……皆さんお察しの通りです。

皮肉なことに、何世紀にもわたって生まれたばかりの生命と結び付けられてきたコウノトリが、実は死んだばかりのものと結びつくことが、DNAの検査で明らかになった。科学者は長年この鳥をサギの近縁と見てきたのに、今では死肉をむさぼるコンドルがもっとも近い種類の一つと考えられている。どうも腑に落ちない感じがするが、目に見えるはっきりした証拠として、コウノトリ科の鳥のなかに（コウノトリは除く）、コンドルの多くの種と同様、顔の皮膚がむきだしになっている種類がいることが挙げられる。コンドルのように、血まみれの大きな死骸に文字どおり顔を突っ込んでがつがつ肉を食べ、そのあと羽をきれいにするような面倒なことはごめんという鳥にとり、顔に羽毛がないのはまことに都合がよろしい。

コウノトリにしてみれば、赤ん坊を運ぶと言われるようになったいきさつなどどうでもいいだろうが、そういう評判が生まれたことはすごくありがたい話ではあった。多くの鳥は昔から、最悪の場合は故意に虐げられ、よくてもうっかり窮状を見過ごされるという痛い目に遭ってきた。ところがコウノトリは、伝説が生き続けているおかげで手あつく保護され、人家の近くに巣作りできるように手助けさえしてもらえる。その結果、イギリスでは繁殖しないものの、ヨーロッパ大陸のあちらこちらで、大きなコウノトリが自分に輪をかけて大きな巣の上に乗って卵を抱いている姿が、小さな町の真ん中でさえよく見かけられる。多少ともご利益があるなら、いつも伝説は信じるに如くはない。

（家本清美）

おわりに
AFTERWORD

この本を楽しく読んでいただけたでしょうか。最初のページを開く前に思っていたよりも、鳥というのは結構知恵が働き、なかなかにしたたかで、はるかにおもしろいやつらだと感じていらっしゃれば幸いです。次には野鳥の保護に力をお貸し下さい。だって、鳥って博物館のガラスケースに収まった剥製よりも、さえずりながら藪から出たり入ったりしている生きているもののほうがずっと楽しいじゃありませんか。

うまいことに、すぐに鳥たちを助ける方法があります。イギリスには百万人以上の会員を擁する王立野鳥保護協会があって、政党の党員を全部合わせたよりも人数が多いのですが、そういう団体に加わっていただければ、その差がもっと開きます。

行動派の方には、ほかにもできることがたくさんあります。冬になったら庭に餌を置いてやるとか——ただし、夏の間はひなのためにならないかも知れないのでやめておくのが賢明かも。バードテーブル、バードバス、巣箱などを買うのも一つの手――アマツバメ、イワツバメ、ツバメなど、近くにきてほしい鳥の種類が決まっているなら、専用の巣箱も売っています。経験を重ねるうちに、いろいろな自然保護団体がやっている鳥類の生息数調査にアマチュア軍団の一員として加わることもできるでしょう。こうした調査はたいへん重要で、数を減らしている鳥がはっきりわかり、専門家がその原因の追究や対策の立案にとりかかることができるのです。この本から人間の暮らしにとって鳥たちがどれほど大切だったかだけでなく、逆にわたしたちが時として知らぬ間に巨大な力を振るって鳥たちの運命を狂わせかねないことにも気づいていただければ幸いです。人類の歴史の中で、わたしたちはしばしばこのかわいい友だちを迫害してきましたが、反対に鳥の世界のために力を尽くすこともできます。そのチャンスを見逃すのはまったくの cuckoo（カッコウ）、つまりうすのろというしかありませんよ。

（小川昭子）

A Quirky Look at Myself
監訳者あとがき

弟子たちが翻訳塾、というか翻訳勉強会のBEC(Bec's English-translation Class)を立ち上げてもう十八年になる(それ以前の翻訳学校での師弟関係から数えれば、長い人でつき合いは三十年余りに、及ぶ)。Bec氏はそこで週一回翻訳の指導にあたっているわけだが、実はその際雑談を交えわいわいがやがややるのがお互いストレス解消の楽しみ、さらには生き甲斐にもなっているらしい(BECは「呆け防止エンタテインメントクラブ」の略でもある)。いうまでもなく、テキストを使って担当者が順次自分の翻訳を披露し、あれこれ議論する仕組みだが、一昨年たまたま選んだテキストがDavid Turner, *Was Beethoven a Birdwatcher?* — *A Quirky Look at Birds in History and Culture* だった。そもそもタイトルからして意表をついて興味深いのだが、読みはじめてみると、中味も、少なくともぼく自身に関する限り無類におもしろい。そこで、いっそこれみんなで全篇翻訳して、できれば出版しようかと提案したら、当然ながら全員賛成。半分ほどできあがった段階で懇意の悠書館の長岡さんに出版の伺いを立てたら、ありがたくもＯＫサインを出して下さった。最大の難関突破である。その後、あちらとこちら双方の都合で次第に先送りとなり、ようやくここに上棹の運びとなった。わいわいがやがやの成果と言おうか。

ぼくは愛蝶家とは言えても、愛鳥家とまでは言えない。けれども人並み以上に鳥が好きではあって、庭先に見なれぬ鳥があらわれるとあわてて図鑑を取り出し調べてみる。それがジョウビタキであったりアカハラであったり、珍鳥だったためしは一度もないのだが、ひょっとして、二、三年前ナガサキアゲハの有尾型の雌が庭のバラにあでやかに止まっているのを見たときの総毛立つような感動と、同じ感動をもたらしてくれる鳥が姿を見せないか、という期待はいつも持っている。

まあその程度の鳥好きである。

それはそうと、鳥類の相も年とともにずいぶん変わったものだ。ここ東京近郊で五十年前には、あるとき拙宅の芝生の上をコジュケイが親子一列に並んで行進していた――夢のようなできごと。十年ほど前まではオナガがギャーギャーとうるさく鳴いていたのに、今は全く姿を見ない。近くの公園の池には毎年渡り鳥が大挙押し寄せていて、それこそ毎朝散歩がてら写真をとりに行っていたものだが、二、三年前からふっつりとこなくなった。不思議としか言いようがない。

こういった経験があるだけに、本書にはよけい興味をそそられた。まずその内容が各種の鳥そのもののみならず、それにまつわるさまざまなエピソードが、絵画、音楽、文学（とりわけ詩）、宗教、歴史など文化全般にわたり、原題にquirky lookとうたわれている通り、それこそ「気の向くままに、一風変わった視点から」取り上げられていて、その幅の広さ、関心の豊かさ強さに感なきを得ない。

それにしても「ベートーヴェンってバードウォッチャー？」には真底驚いた。何に驚いたかって――ふつうベートーヴェンの作品と鳥の声の関連といえば、十人が十人、交響曲第六番「田園」を思い浮かべるだろう。ところが、なんとなんと交響曲第二番ときた！　ぼくはあちこちで告白している通りオンガクカになり損なって、一字ちがいのブンガクカ（という言葉があるとして）、さらには二字ちがいのホンヤクカになりさがった人間で、はばかりながら音楽については四分の一ぐらいはプロだと自負しているのだが、そのぼくにしてベートーヴェンの交響曲第二番なんておよそ記憶にない。だいたい彼の交響曲の中で、いや作品すべての中で、演奏されることもっとも少ない部類ではなかろうか。並いるクラシック音楽ファンの中で、この曲のメロディは?と訊かれてその場で口に出せる人はめったにいないと思う。著者はよほどの音楽好きと見える。(おかげでその章の翻訳には第二のスコアのページをひっくり返す羽目になった)。

詩についても似たようなことが言える。シェイクスピア、ミルトンからワーズワース、シェリー、このあたりは誰でも知っているから問題ないが、著者がほめちぎっているジュリアン・グレンフェルとかウィルフリッド・スコーウェン・ブラント——こりゃいったい何者? 見た事も聞いた事もない。と、最終的には英(米)文学を専攻したはずのぼくが首をかしげる始末。まずいなと思って英米文学辞典をひくと、四、五行ちょこっと説明が載っているだけで、これならその道の限られた専門家は別として、知らなくても恥ずかしくはないなと胸を撫でおろした。

とにかく、鳥にからむことだけにせよ、著者の知識の広さには恐れいる。

そういえば、蝶についてもエピソードの中に時おり言及がある。ひょっとするとターナーさんは、愛蝶家とまでは言えなくとも、人並み以上に蝶が好きなのかもしれない。

続いてはスタイル。実を言うと、むしろこれこそぼくが本書に惚れ込んだ第一の理由である、著者はさすがジャーナリストを本業とするだけに、文章は軽妙で機智に富み、ひねりをきかせた表現を多用する。どこで読者を笑わせようかと機会をうかがっているような趣きで、ここぞというときにジョークをとばし、皮肉をぶつける。結びにはたいてい落ちがつく。言葉遊びが巧みで、しゃれ、語呂合わせ、頭韻などを駆使し、ひょっとすると筆を走らせながら脳裡の読者に目配せでもしているのではないかと思う。

ふざけていると言われれば、たしかにその通りではある。しかし、ふざけはまじめの反対ではない。まじめの反対は不まじめ。意図はまじめで表現はふざけこそ最良の道、と論じたチェスタトンの名言を思い起こそう。

ここで一つ厄介な問題が持ち上る。英語の言葉遊びを日本語でどう表現すればいいのか。そのまま訳して日本語でも遊びになれば世話はないが、そんな都合のいいことはそうそうあるものではない。そこで翻訳の常套手段として、遊びの内容を変えるとか、遊びの使われている場所をずらすとか　いろいろ工夫をこらすことになる。どうしようもなくむずかしいものは、意味だけとって遊びのほうはあっさりあきらめる。その代わり、原文にはないところで大いに遊んでみたりもする。要は全体的なムードの問題である。原文にこんな文章ないじゃないかと文句を言われても、その通りと答えるしかない。しかし、著者はそんなことは少しも意に介さないだろう。聖職者で推理小説作家、翻訳論ものしているロナルド・ノックス師曰く。「翻訳者の仕事は『この外国人にどんな英語をしゃべらせるか』ではなく、『英国人ならこれを何と言うだろうか』を考えることだ。」この「英語」を「日本語」、「英国人」を「日本人」に置きかえたのがぼくの立場である。だじゃれのヒンシュツは一部読者のヒンシュクを買うかもしれない。しかし顰蹙はいくらでも買う。それが売りにならないとも限らない。

もう一つ関連事項。著者はイギリス人でなければ、また日頃英語漬けになっていなければピンとこないような事例をたびたび引き合いに出している。翻訳にあたった担当者はネットで調べ確かめてくれたが（ぼく自身はネットはおろかパソコンとも無縁のＩＴオンチ）、そのまま訳出して注をつけたものもあれば、主旨をとって説明的な記述に変更したもの、思い切って削除したものもある。たとえば「はじめに」の冒頭一パラグラフは鳥を含むイディオムを連ねた文章で構成されている。正直に訳して説明をつけたりしてはエッセーが死ぬ。割愛は已むを得ぬ処置とご了解いただきたい。とりわけ厄介なのは各章につけられた副題で、歌詞や流行語など時事的な引用が多いらしい。日本に住み、日ごろ日本語漬けになっている人を読者対象に改めて考え直した。

また内容に戻るが、取り上げられた七十六種のうち日本の鳥をタイトルに選んだものが五種にのぼる。これは国別としては異例の多さだろう。そのほか途中で言及されたものも数種ある。またとりたてて日本が話題となっていなくても、われわれ日本人が日ごろ慣れ親しんでいる鳥も数多い。そもそも鳥になじみがあろうがなかろうが、紹介されたエピソードがおもしろいので、読者はひたすらそれを楽しめばいい。ただ全篇を通じ一貫して流れているのは生物保護、環境保全に対する著者の熱い思いで——まさに先ほどまじめな意図と言ったもの——これはぜひ汲み取っていただきたい。

バードウォッチングにかかわる話だけに、当然ながら鳥の同定、ひいては分類についてかなり専門的な記述にもぶつかる。ぼくはかつて動物学科に在籍して、分類学の講義も聞いているはず（?）なので、その知識がずいぶん役に立った。また B E C 会長の小川昭子さんは、英語の達人であるのみならずバードウォッチャーでもあるので、その両面でいろいろ助けていただいた。

はじめに書いた通り翻訳は B E C のメンバー全員が行なった。各章ごとに担当者名が記してあるが、ここにまとめて紹介しておく。

庵地紀子、岩渕行雄、小川昭子、片柳佐智子、金澤寿男、草野暁子、栗山節子、菅原英子、鈴木忠昌、曽根悦子、徳植康子、殿村直子、中尾ゆかり、棗英司、西谷清、深瀬和子、松本良子、三宅真砂子、八坂ありさ、家本清美、横堀富佐子、渡部啓子、工藤恭子

監訳者の役割は、例によって、訳文のミスの修正と用語文体の調整統一にとどまる。

本ができあがるまで、まずは翻訳担当者がそれなりの苦労を積まれただ

ろうし、前記小川さんには原稿の取りまとめ等、事務的な仕事もさばいていただいた。改めて御礼申し上げる。いや何よりも感謝すべきは、押し付けがましい出版を引き受けて下さった長岡正博さんだろう。ほんとうにありがとうございました。

二〇一五年八月猛暑の日

別富貞徳

デイヴィド・ターナー（David Turner）

ロンドンをベースに、*Financial Times* やロイター通信などに寄稿してきたライター。

弱冠８歳のときより、イギリスのみならず世界を股にかけてのバードウォッチングを、そしてケンブリッジ大学で歴史学の学位を取得するまでマンウォッチングを続け、ジャーナリストの道へ。英国鳥類学協会のヴォランティアの会員。

別宮貞徳（べっく・さだのり）

1927年、東京に生まれる。少年時代より昆虫採集に夢中になり、とくに珍種のチョウを求めて日本全国を渡り歩く。東京大学理学部動物学科入学。在学中聖職者を志すにいたり、東京カトリック神学院に渡る。２年半ばで体調を崩し休学。上智大学英文科に渡る。同大学文学部教授を経て、現在、翻訳家、エッセイスト。著書や翻訳書200冊に及ぶも、いまだ日本国境を越える渡りの経験はない。

著書に『誤訳　迷訳　欠陥翻訳』、『裏返し文章講座』など。訳書にデズモンド・モリス『人類と芸術の300万年』、M. ブリストウ『世界の国歌総覧』、ベン・ホアー『動物たちの地球大移動』、アラン・ブラックウッド『世界音楽文化図鑑』などなど。

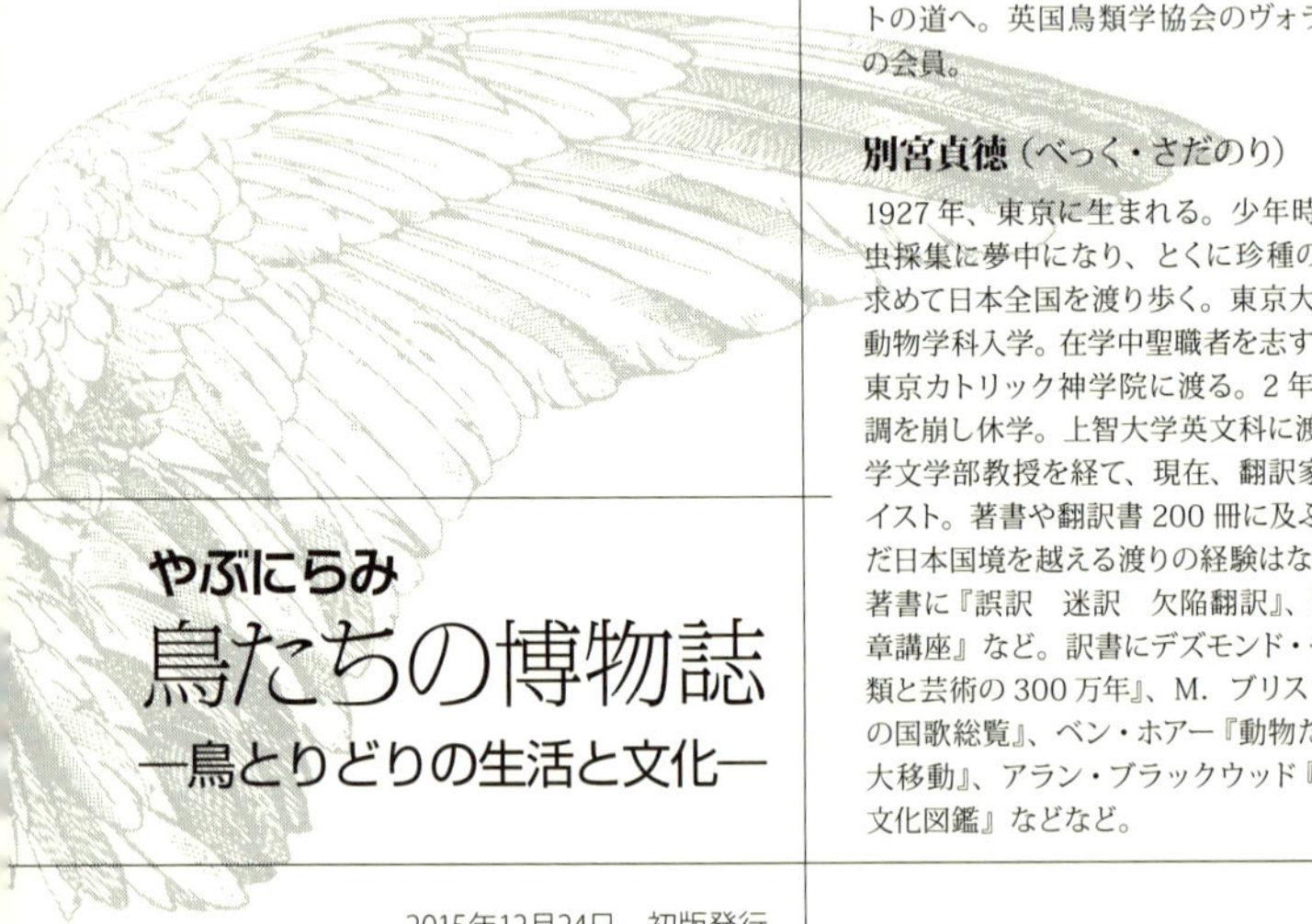

やぶにらみ

鳥たちの博物誌

―鳥とりどりの生活と文化―

2015年12月24日　初版発行

著者　デイヴィド・ターナー
監訳者　別宮 貞徳

装丁　尾崎 美千子
発行者　長岡 正博
発行所　悠書館
〒113-0033 東京都文京区本郷2-35-21-302
TEL. 03-3812-6504
FAX. 03-3812-7504
http://www.yushokan.co.jp/

印　刷　㈱理想社
製　本　㈱新広社

ISBN978-4-86582-008-9

定価はカバーに表示してあります